**UN BIODIVERSITY
CONFERENCE**

COP-15 CP/MOP10-NP/MOP4

Ecological Civilization-Building a Shared Future for All Life on Earth

KUNMING, CHINA, 2020

生态文明：共建地球生命共同体

ECOLOGICAL CIVILIZATION
BUILDING A SHARED FUTURE FOR
ALL LIFE ON EARTH

呵护水精灵
CARING FOR
AQUATIC ANIMALS

生态环境部宣传教育中心 ◎主　编

北京环保娃娃公益发展中心
"福特汽车环保奖"组委会 ◎副主编

中国经济出版社
CHINA ECONOMIC PUBLISHING HOUSE

图书在版编目（CIP）数据

呵护水精灵 / 生态环境部宣传教育中心主编. -- 北京：中国经济出版社，2022.12

（蓝星使者生物多样性系列丛书）

ISBN 978-7-5136-7114-9

Ⅰ. ①呵… Ⅱ. ①生… Ⅲ. ①水生动物 – 普及读物 Ⅳ. ① Q958.8-49

中国版本图书馆 CIP 数据核字（2022）第 183113 号

策划统筹	姜　静
责任编辑	李玄璇　马伊宁
责任印制	马小宾
装帧设计	墨景页　刘秦樾

出版发行	中国经济出版社
印 刷 者	北京富泰印刷有限责任公司
经 销 者	各地新华书店
开　本	880mm × 1230mm　1/32
印　张	5.875
字　数	101 千字
版　次	2022 年 12 月第 1 版
印　次	2022 年 12 月第 1 次
定　价	68.00 元

广告经营许可证　京西工商广字第 8179 号

中国经济出版社 网址 www.economyph.com 社址 北京市东城区安定门外大街 58 号 邮编 100011
本版图书如存在印装质量问题，请与本社销售中心联系调换（联系电话：010-57512564）

《呵护水精灵》编委会

主　编
生态环境部宣传教育中心

副主编
北京环保娃娃公益发展中心
"福特汽车环保奖"组委会

编　委

田成川	闫世东	杨　珂	刘汝琪	周恋彤
陈小祎	梁伯平	姜　静	胡　衡	张婉娴
柴之凡	田继光	姚洪飞	王　伟	高瑞睿
刘　青	林文治	林昊颖	钱正义	初雯雯
郭潇滢	李锡生			

科学审读

黎大勇　　邓怀庆　　夏东坡　　曾千慧

内容支持
明善道（北京）管理顾问有限公司
深圳市大鹏新区珊瑚保育志愿联合会
盘锦湿地保护协会
蓝丝带海洋保护协会
长江生态保护基金会
阿勒泰地区自然保护协会
广西生物多样性研究和保护协会（美境自然）
青岛市海洋生态研究会

蓝星使者生物多样性系列丛书序言
FOREWORD TO THE EARTH GUARDIANS BIODIVERSITY SERIES

20世纪60年代，由雷切尔·卡逊所著《寂静的春天》一书，让全世界开始关注受化学品侵害的自然生物。面对环境污染、物种自然栖息地破坏等造成的生物多样性问题，1992年6月1日，由联合国环境规划署发起的政府间谈判委员会第七次会议在内罗毕通过《生物多样性公约》，并于同年6月5日在巴西里约热内卢联合国环境与发展会议上正式开放签署，中国成为第一批签约国。1993年12月29日，《生物多样性公约》正式生效。中国的积极建设性参与，为谈判成功及文件正式生效作出了重要贡献。

　　2016 年，我国正式获得《生物多样性公约》第十五次缔约方大会（COP15）主办权，这是我国首次举办该公约缔约方大会。2021 年 10 月 11 日至 15 日，COP15第一阶段会议在云南昆明召开，国家主席习近平以视频方式出席领导人峰会并作主旨讲话，提出构建人与自然和谐共生、经济与环境协同共进、世界各国共同发展的地球家园的美好愿景，并就开启人类高质量发展新征程提出四点主张，宣布了包括出资 15 亿元人民币成立昆明生物多样性基金、正式设立第一批国家公园、出台碳达峰碳中和 "1+N" 政策体系等一系列务实有力度的举措，为全球生物多样性保护贡献了中国智慧，分享了中国方案，提出了中国行动。

　　虽然《生物多样性公约》已生效约 30 年，但生物多样性保护仍面临诸多挑战。联合国《生物多样性公约》

秘书处 2020 年 9 月发布第五版《全球生物多样性展望》（GBO-5），对自然现状和"2010—2020 年的 20 个全球生物多样性目标"完成情况进行了最权威评估。该报告指出，全球在 2020 年前仅"部分实现"了 20 个目标中的 6 个，全球生物多样性丧失趋势还没有根本扭转，生物多样性面临的压力仍在加剧，例如，栖息地的丧失和退化仍然严重，海洋塑料和生态系统中的杀虫剂等污染仍然突出，野生动植物数量在过去十年中持续下降，等等。事实告诉我们，全球正处于生物多样性保护的关键时期，实现人与自然和谐发展仍然任重道远。

唤起公众保护生物多样性意识，促进人与自然和谐共生是生态环境宣传教育的重要内容。这套蓝星使者生物多样性系列丛书以旗舰物种为重点，致力于讲述野生动植物的生存故事和人类与它们的互动故事。这些故事会让我们看到，身为食物链顶端的物种，我们有责任去维护自然界的完整与和谐。本套丛书共五册，分别是《豹在雪山之巅》《自然界的灵之长》《守护自然飞羽》《呵护水精灵》《探秘红树林》，由生态环境部宣传教育中心联合中国经济出版社有限公司、北京环保娃娃公益发展中心、"福特汽车环保奖"组委会共同策划实施。

本套丛书内容全部来自25家遍布全国的社会组织，故事和图片出自其中41位从事一线动物保护（研究）的工作人员，他们深入高山荒野，穿梭在丛林野外，游走于江海滩涂，掌握了许多珍贵的野生动植物第一手资料，这些动人的故事都将在这套丛书中集中呈现。本套丛书中涉及200余个物种，既包括人们比较熟知的雪豹、藏狐、金丝猴、绿孔雀、丹顶鹤、长江江豚等，也有相对小众却同样重要的高原鼠兔、白马鸡、乌雕、白眼潜鸭等。

在自然链条中，人与其他物种相互关联。人类没有条件在寂静的春天中独自生存和发展。阻止并最终扭转当前生物多样性的下降趋势，是人类社会共同的责任和价值。让我们先从认识生物多样性的价值，了解身边的"蓝星使者"开始吧！

田成川
2022 年 6 月

目
录

CONTENTS

小布出现的消息，
吸引了潜爱的小伙伴们。
他们赶往深圳大鹏湾，
在静静地等待之后，
终于与小布见面了。
小布在海域内自由游动，
愉快地进食小鱼。
小伙伴们，
在海浪声和惊呼声中，
边晕船、边观鸟、边观鲸。

THE STORY OF BRYDE'S WHALE LITTLE BRYDE 01

布氏鲸小布的故事

2021年6月29日，一条新闻传遍了各地海洋爱好者的朋友圈——一头鲸出现在深圳大鹏湾！环保公益组织"潜爱"的小伙伴们收到消息后第一时间赶往所在海域，静静地等待传闻中那头鲸的露头。然而，只见飞鸟不见鲸。正当潜爱的小伙伴们感到沮丧的时候，突然晨咫同学惊呼一声——"我看到背鳍了！我看到了！"

据估计，这可能是一头长5～6米的年幼布氏鲸（学名 *Balaenoptera edeni*）。

布氏鲸

布氏鲸，鲸目、须鲸亚目、须鲸科、须鲸属，中国国家一级重点保护野生动物，世界自然保护联盟濒危物种红色名录（IUCN Red List）无危物种（Least Concern）。

布氏鲸分布广泛，主要生活在太平洋、大西洋和印度洋的温暖水域。布氏鲸是一种小型的须鲸，最明显的特征是头部有三条脊突。布氏鲸的头部约占其整个身体长度的1/4，有宽阔的尾巴，以及位于身体背面约2/3处的尖尖且呈钩状的背鳍。

布氏鲸通常单独或成对出现，以虾蟹类、头足类，以及各种鱼群为食。

布氏鲸容易受到多种威胁因素的影响，包括船只撞击、海洋噪声和网具缠绕等。

认识新朋友
MEET NEW FRIENDS

觅食的布氏鲸　供图/潜爱大鹏

万众瞩目的"大宝贝"

过去广东沿海有布氏鲸的目击记录，这里或许曾经是布氏鲸的觅食地。今天这个"小朋友"，或许是因为休渔期鱼群众多、食物充足，才来到近岸觅食，成为万众瞩目的"大宝贝"。

潜爱志愿者观察到鲸的消息和视频在志愿者中间传开之后，大家纷纷表达了对"大宝贝"的关心："它会不会搁浅呀？""它还好吗？是不是找不到妈妈了？""会不会被渔网缠绕了呀？"

在现场的潜爱志愿者们表示，偶尔将背鳍露出水面的小鲸并没有明显遭遇到意外的表现。咨询过来自广西科学院的陈默老师后，他们更加欣喜地获知，已经可以捕食的小鲸也不一定正在因为与族群离散而焦虑。也许小鲸只是在愉快地玩耍与觅食。虽然可以暂时不必担忧小鲸的健康，但还是建议大家谨遵渔政建议，不要靠近围观这头鲸，要给它留出安全的活动区域与捕食空间。

"鲸鱼"不是鱼

我们俗称的"鲸鱼"并不是鱼，而是属于鲸目的哺乳动物，胎生哺乳，体温恒定，用肺呼吸——这就是为什么我们常常能见到鲸浮上水面"喷水"换气。而包括鲨鱼在内的鱼类则利用鳃获取溶解在水中的氧气。离开水则无法呼吸。

返程途中，潜爱志愿者们和船家闲聊到近岸的自然状况时，指着退潮露出的礁石，问道："这边涯边应该还有珊瑚吧？"

不敢靠近小布，只能远观海鸟聚集的地方
摄影 / 肖为

没想到船家一脸气愤："有什么啊！啥都没了！那些拖网的渔船就像刮痧一样，底都犁了个遍！"

这使志愿者们感到十分难过。要知道，珊瑚礁生态系统作为代表性的海洋生态系统，因为拥有极高的生物多样性和初级生产力，被称为"海底的热带雨林"，为无数小鱼小虾提供了生存的乐园。近些年来，在志愿者们不辞辛劳清理海洋垃圾、将被台风打断的珊瑚移植至水下苗圃的努力下，深圳沿海的生态环境有了明显的改善。而休渔期的禁渔行动，进一步保证了此处渔业资源的续存，给以鱼类为食的鲸豚类提供了丰盛的大餐。

退潮露出的礁石　摄影 / 张缪成

珊瑚礁保护：中国在行动

珊瑚礁被称为「海底的热带雨林」，截至2019年，仅占地球不足0.2%面积的珊瑚礁，养育了超过1/4的海洋生物。在过去的约30年中，我国近岸珊瑚礁受到污染和破坏，已经消失和退化了80%。

目前，我国出台了包括《中华人民共和国海洋环境保护法》《中华人民共和国渔业法》《中华人民共和国环境影响评价法》在内的众多珊瑚礁生态保护相关法律法规，各地方亦出台针对性的规章，如《海南省珊瑚礁保护规定》。同时通过海洋功能区划、海洋生态红线及相关发展规划，促进珊瑚礁保护与生态恢复工作的开展。

资料来源：《2019中国珊瑚礁状况报告》

布氏鲸小布

6月30日早上，小鲸依然在之前的海域游动。而且，在明媚的阳光下，还能看到它吃早餐的场景。潜爱的秘书长给这头小鲸起名叫小布。

据志愿者观察，小布健康状况良好，多次张开大嘴愉快地进食小鱼。现场志愿者表示，当天看到鲸的身影似乎比上一日要略大，很可能是有两头鲸来到了深圳。

觅食的小布　摄影 / 岳鸿军

志愿者认为这一头鲸估计有 8～9 米长，如果真是这样……叫它大布？
摄影 / 沈晓鸣

随着"鲸鱼来深"新闻的持续发酵，越来越多的深圳市民前往临近海域想要"一睹鲸容"。可是，船只可能会惊扰到布氏鲸，使其发生危险。

小布穿梭在两艘大型锚船之间　摄影／岳鸿军

虽然大型锚船不会移动，但是快艇和桨板距离过近还是有可能对鲸造成惊扰。同时，在鲸附近开动快艇时，船桨也可能对鲸造成威胁。

更何况，观鲸远没有很多网友想象中那么有趣，你更有可能在海浪中一边晕船，一边观鸟，一边听见同伴惊呼，却一边什么都没看到。

由于那段时间盐田港停运，航道安静，加上禁渔期鱼群、食物充足，潜爱志愿者猜测，可能是舒适的环境让小布在这里流连忘返。

等待时，志愿者们和船家闲聊。船家打趣说："这里的鲸对人也太不友好了，还是不出现。"潜爱志愿者则严肃地回答："不，是我们对它们太不友好了。小布的到来是我们的荣幸，为了让它快快乐乐、平平安安地生活，我们应该与它保持礼貌与尊重的距离。"

本以为小布会很快消失在大海中，没想到这头"干饭王"在大鹏湾乐不思蜀，直到 7 月 3 日也没有离去的意思，每天都在海鸟的簇拥下张开大嘴，一口吞下一个小鱼群。潜爱志愿者也持续跟进小布，及时观察它的状况，并积极与专家和政府部门保持沟通。

"干饭王"小布　摄影／北平

"干饭王"小布的活跃吸引了社会各界的关注，热心市民自发观鲸行动越来越多，为此潜爱制作了海报，倡议保护小布，避免围观。

7 月 3 日上午，大亚湾海事局发布重要通知，加强小布出没海域附近管控。深圳新闻网也直播"护鲸记"，引导大家在线"围观"小布。

2018年，在广西北海，当地政府为了保护布氏鲸，颁布了《北海市涠洲岛生态环境保护条例》，规定『禁止在离岛6公里范围内捕捞』。在这片或许曾是布氏鲸家园的海域，我们人类除了为大自然的美好感到惊叹以外，还应该做出更多的努力。

"浪花"的悲剧

2015年，"潜爱大鹏"宝能潜水摄影大师作品展拉开帷幕。作品展以"种珊瑚，众人心"为主题，邀请"BBC野生动物金奖摄影师"阿莫斯和"美国国家地理杂志特约水下摄影师"北平两位大师联展，给市民带来一场水下视觉盛宴。很多深圳市民朋友都注意到，展出作品往往是"大动物"，而这些"大动物"的照片没有一张是在中国海域拍摄的。

我国海洋的一些鱼类，在环境破坏和过度捕捞之下几近绝迹，珊瑚也在拖网捕捞的摧残下面临生存危机。海洋中的食物链从底层开始断裂，顶层的大型捕食者自然也就不见踪影。2015年，潜爱便梦想着，要将保育珊瑚的工作持续进行下去，总会有一天，鲸与豚能够回到深圳的海湾。

『幽灵渔具』

丢失、遗弃在海洋里的渔具被称为「幽灵渔具」。

据估算，每年有超过84万吨「幽灵渔具」被丢弃在海洋里，占到海洋垃圾总量的1/10。世界动物保护协会表示，每年有13.6万只海豹、海狮、海龟、鲸豚等大型海洋生物因「幽灵渔具」死亡，其中，大约10%为近危、易危、濒危或极度濒危的物种。

　　2017年3月，一头抹香鲸真的出现在了大亚湾——然而，故事却有着一个悲伤的结局。

　　渔民意外发现这头后来被志愿者们称作"浪花"的鲸时，它被渔网缠绕、体力不支。虽然志愿者与国内外专家尽全力救助，但是3月15日，浪花的呼吸还是永远停止在了大亚湾。解剖尸体时，研究人员发现它的肠胃中几乎空无一物，子宫中却有已经成形的鲸宝宝。

　　这场令人痛心的营救虽然以失败告终，但潜爱也并非一无所获。救助时，潜爱志愿者协助研究人员完成了国内首次抹香鲸听觉能力测试。而解剖出的抹香鲸胎儿被送往惠州市中医院进行核磁共振检查，取得了国内第一个关于抹香鲸胚胎骨骼的图片。

志愿者在对抹香鲸听力进行测试　摄影／沈晓鸣

随着新闻的传播，"浪花"的名字也让很多人牢牢记住了这次事件。"鲸落"主题视觉设计，时至今日仍在警示着人类活动对海洋生物的威胁。虽然浪花之死的根本原因尚不明确，但发现巨鲸时缠绕其上的渔网却让志愿者痛心。为避免海洋生物受到海洋垃圾的威胁，潜爱、红树林基金会、蓝色海洋等民间组织一起行动起来，分头清理各自擅长领域内的海洋垃圾。各界也在积极探索如何建立一个跨区域的大型海洋哺乳动物联动救助机制，希望以后进入深圳惠州海域的鲸豚能够获得更好的帮助。

小布失踪

现在，又有一头鲸来到深圳大鹏湾，它就是新晋网红小布。每天在线围观小布捕食的壮观景象，成为网友们的新日常。研究的开展与保护工作的更新也不能耽误。7月2日，来自中国科学院深海科学与工程研究所的研究团队成功完成国内首次在鲸类身上贴附信标并成功回收信号的工作，供研究人员分析小布的行为。同一天，大鹏新区成立鲸豚保护联动工作组，多部门协作守卫小布。潜爱也积极开展相关工作，在联络媒体提供相关资料、制作科普素材、连线专家的同时，协助有关部门推进保护工作的开展，并提出意见与建议。

然而，好景不长，8月30日下午，一则不幸的消息传来："深圳市海洋综合执法支队大鹏大队在鹅公湾对开深港交界海域发现一头布氏鲸尸体，市海洋渔业主管部门接报后，立即组织研究人员前往现场调查处置，目前已打捞上岸，死亡原因正在调查。"

三天过去了，我们依然没有关于这头布氏鲸是不是小布的确切消息，陪伴了小布60天的潜爱志愿者们也不愿相信这是小布。

60天里，潜爱志愿者们持续关注小布的状况，力所能及地协助监测与科普工作。在这个过程中，各方为守护小布做出了许多积

小布最后的身影（一） 摄影／肖全

小布最后的身影（二） 摄影／肖全

潜爱志愿者最后一次看到小布的身影
摄影 / 肖全老师 8 月 23 日傍晚摄于大梅沙开放海域

极的努力，比如鲸豚保护联动工作组从无到有，64 平方千米保护小布临时管控区的建立。

可显然，这还是不够。

要开展保护工作，人们还需要更多信息、更多知识。而未来，依靠基于切实数据的科学政策，来自海洋的精灵才有机会在这片海域顺利成长。

希望抹香鲸浪花、布氏鲸小布的悲剧不再发生。

本文原创者

柴之凡

　　原深圳市大鹏新区珊瑚保育志愿联合会（潜爱大鹏）品牌部负责人。参与潜爱的"大鹏半岛珊瑚调查""海底清洁废网编织"等项目执行与宣传工作。从浙江大学生态系毕业后，偶遇全国唯一有珊瑚分布的一线城市——深圳，没怎么见过海的河北孩子从此与大海结下不解之缘。

西太平洋斑海豹小胖，
拥有纺锤形的身材，
脖子缩着，
看上去圆滚滚的。
每年中秋刚刚过去，
小胖便来到枣木沟，
成为渔民的好朋友。
它在这里捕食，
在这里繁衍，
生活在斑海豹的"世界"。

SPOTTED SEAL LITTLE FATTY 02

斑海豹小胖

渔民的好朋友小胖

　　小胖是一只孤独的西太平洋斑海豹。之所以叫它小胖，是因为它天生纺锤形的身材和缩起来的脖子，显得圆滚滚的。

　　它每年来到辽东湾大辽河入海口枣木沟的时候，大都是中秋刚刚过去。而此时，其他辽东湾斑海豹正在韩国的白翎岛集结，准备回到老家辽东湾来。斑海豹在海水中的运动速度极快，每小时可达27千米。

激流勇进　摄影／田继光

　　小胖相中了枣木沟码头的"拍子"。没有人的时候，小胖就爬上去歇息，来人的时候，就溜下水去。这"拍子"是渔民用泡沫板敷上木板捆绑而成的，拴在船舷上，在渔船距离码头较远的时候上下船用。枣木沟的渔民对小胖很友好，还为它拍了"抖音"。渐渐地，小胖也不怕人了，渔民刘长久还经常抚摸它的后背。当然，渔民要用"拍子"的时候，还得轰小胖下水。

斑海豹

斑海豹（学名 *Phoca largha*），也叫大齿斑海豹、大齿海豹，是在温带、寒温带的沿海海域和海岸生活的海洋性哺乳动物。生活在北半球的西北太平洋，主要分布在楚科奇海、白令海、鄂霍次克海、日本海和中国的渤海、黄海北部。它们有洄游的繁殖习性，为肉食性动物，食物主要为鱼类和头足类。西太平洋斑海豹是唯一能在中国海域繁殖的鳍足类动物，属中国国家一级保护动物，渤海辽东湾是全球斑海豹8个繁殖区之一。

岸边休息的斑海豹　摄影／田继光

斑海豹的食物

一场秋雨一场寒。一个多月以后，铺满辽河入海口滩涂的碱蓬草在大红大紫之后开始衰败，湿地的芦苇也失去了夏日的翠绿，逐渐枯黄干燥，浑黄海水中的红眼梭鱼、海鲇鱼已经有一尺来长，小黄鱼成群结队。

这个时候，从白翎岛洄游而来的斑海豹开始在辽东湾时隐时现，它们追逐鱼群、积累脂肪、等待严冬到来。这些脂肪可以使它们像人类一样，让自己的体温保持在 36℃~37℃。

延伸阅读

辽东湾

辽东湾是中国渤海三大海湾之一，地处北纬 39°，河北省大清河口到辽东半岛南端老铁山角以北的海域，有辽河、大凌河、小凌河等注入。这里是中国边海水温最低、冰情最重处，每年都有固体冰出现，受西北风影响，东岸又较西岸为重。春季融冰，成为低温中心。

辽河入海口　摄影／田继光

斑海豹每天的食量大约是自身体重的 1/10。辽东湾有多条河流注入，河海交汇处，有极其丰富的海洋生物。辽东湾富集的鱼群也是斑海豹远道而来的主要原因。20 世纪 30 年代，辽东湾的斑海豹曾有近 8000 只，按此计算，斑海豹一天就得从辽东湾捕食 40 吨的食物。现在的辽东湾斑海豹仅有 2000 只左右，海洋污染、渔业过度捕捞等原因，致使斑海豹的食物越来越少，数量锐减。

斑海豹中不乏聪明又偷懒的，它们能根据马达的声音判断出哪一条渔船是下"挂子网"的。当"挂子网"渔船出港的时候，它们就跟踪尾随；当渔民下网之后，它们沿着"挂子网"来回寻索，把

扎堆栖息　摄影／田继光

撞到"挂子网"上的梭鱼摘下吃掉，省去了追鱼的力气。斑海豹有极强的潜水能力，最深可下潜至百米，潜水最长时间可达二三十分钟。曾经有一次，海豹"掀翻"了三道沟渔民宋二哥的小船。其实，斑海豹没有那么大力气，只是宋二哥摘挂子的渔船太小，斑海豹在水中翻滚了一下，宋二哥一个趔趄，便把船弄翻了，好在宋二哥水性了得，这才没出什么意外。

虽然斑海豹居于辽东湾海域食物链顶端，但它也惧怕人类，当人们靠近它们的时候，它们会做出应激反应——张开尾鳍，发出低吼声。

惊蛰，西太平洋斑海豹开始洄游到辽河入海口上岸　摄影／田继光

斑海豹的繁衍

当西伯利亚的冷空气越过蒙古高原，降临在中国最北海岸线时，湿地的芦苇彻底干燥，芦花在北风中飞舞，飘落的苇絮会糊满网眼。辽东湾的渔民便收拾好网具，将渔船上坞。

一场接着一场的寒流，使得辽东湾的海面开始凝结。先是"碗大"，再是"锅盖大"，再后来是"桌面大"……一团一团地结冰。夜晚温度迅速下降，圆团的冰块开始连接。潮水一来，便会突破冰的连接，把冰排推向岸边。冰团一次又一次地连接、被突破、被推举、累积，在小寒和大寒的节气里，辽东湾最终被冻成茫茫冰海。

辽东湾巨大的结冰区，便是斑海豹的大产床。每年1—2月是斑海豹的繁殖季节，它们在楚科奇海、白令海、鄂霍次克海、日本海等海域繁殖……辽东湾结冰区是斑海豹8个繁殖区中最南端的一个。

冰生海豹 摄影／田继光

辽东湾斑海豹一般在有缝隙的冰排上产子，将产下的幼崽留在冰排上，母斑海豹可以随时下水觅食，遇到危险时可以带着孩子迅速撤离。

海豹母子 摄影／田继光

刚刚出生的斑海豹长着一身白色的绒毛，俗称"白袍海豹"。母斑海豹丰富的乳汁，可以迅速催肥小斑海豹的身体，使它足以抵抗冰海的寒冷。但是这时的"白袍海豹"还不能下水，中空的绒毛容易吸水，会导致小海豹沉没溺亡。

白袍海豹 摄影／田继光

斑海豹在繁殖季结成生殖群体　摄影／田继光

小斑海豹出生后一个月内，斑海豹妈妈每天都要给小斑海豹哺乳 10 多次。小斑海豹的白绒毛褪去后，就可以趴在母亲的背上下水了，然后逐渐学会游泳。虽然小斑海豹不能马上觅食，但是体内的脂肪可以支持它生存 6 周之久。

雌性斑海豹产子 1~2 个月后开始发情。这个时候，雄性斑海豹会追逐雌性斑海豹，一只雌性斑海豹的身后往往跟着数只雄性斑海豹，但雌性斑海豹只能挑选其中一只，然后在水中交配。斑海豹的妊娠期也是 10 个月，一胎只生一只。据研究海洋哺乳动物的科学家马志强老师说，斑海豹的寿命一般为 30 多年，但有资料记载，斑海豹最长寿命能达到 43 年。一只母斑海豹一生可以生产 20 只小斑海豹。辽东湾斑海豹在辽东湾完成繁育工作，去白翎岛只是度假而已。

斑海豹的"世界"

辽东湾的春季到来后，一场场大南风使辽东湾的结冰区面积迅速缩减，大潮拱开三道沟、六道沟、八仙岗、酒壶嘴、红塔站等地厚厚的冰层。农历二月十七大潮，潮水淹没圈岗子、黑岗头，又向入海口涌去，被潮水解体的冰排随之而入。

斑海豹三五成群卧在冰排上，随着潮水进入三道沟、六道沟……大大小小的冰排上站着海鸥、蛎鹬、鸳鸯、秋沙鸭等。海面的冰排随流成行，犹如一场盛大的游行。

栖息辽河口　摄影／田继光

反嘴鹬

反嘴鹬（学名 *Recurvirostra avosetta*），一种腿较长的涉水鸟，东西两半球都有分布。它生活在湿地和靠近海湾碱性的湖里。背部有醒目的黑色和白色标志，腹部灰白色，体长38～45厘米。它在沼泽中行走，主要吃水里的昆虫、小鱼、贝类和两栖动物，飞翔时脚远远超出尾外。一般在聚集地繁育。

蛎鹬

蛎鹬（学名 *Haematopus ostralegus*），中型涉禽，体羽以纯黑色或黑白两色为主，体形浑圆，脚短粗。广泛分布于温带和热带地区的沿海。平时栖息在海岸、沼泽、河口三角洲。大多数单个活动，有时结成小群在海滩上觅食软体动物、甲壳类或蠕虫。

蛎鹬跑得快，飞翔能力强。常站立在海滨低岩的顶部等待退潮。潮退后，在淤泥或沙中搜索食物。在海滨砂砾中筑陷穴状巢，每窝产卵2～4枚。

反嘴鹬（左）和蛎鹬（右）　摄影／田继光

绿头鸭

绿头鸭（学名Anas platyhynchos），属游禽，大型鸭类。体长47～62厘米，体重大约一千克，外形大小和家鸭相似。分布于欧洲、亚洲和美洲北部温带水域，越冬在欧洲、亚洲南部、北非和中美洲一带。

绿头鸭通常栖息于淡水湖畔，亦成群活动于江河、湖泊、水库、海湾和沿海滩涂盐场等水域。虽然脚趾间有蹼，但很少潜水，通常在水中觅食、戏水和求偶交配。以植物为主食，也吃无脊椎动物。

绿头鸭　摄影／田继光

有一只独眼但身体健硕的斑海豹可能是领队，它的一只眼睛可能在打斗当中失明，呈白内障状，保护斑海豹的环保人士多年来都能拍到它，就称它为"独眼"。回家的仪式由"独眼"率领，冰排至六道沟处，它仰头高吼几声，既像是呼朋引伴，又像是向外界宣布："我又回来了！"

资料来源：赵序茅，中国科学院动物研究所，2019年3月4日

斑海豹依靠声音传递信息

日常生活中，斑海豹在海中主要依靠声音进行交流，对声音极度敏感，它们在空气中与水下均具有出色的发声能力，尤其是在求偶期和繁殖期。繁殖期雄性斑海豹抵御威胁时会发出"威吓声"。雌性斑海豹声信号引诱幼斑海豹时会发出"引诱幼仔声"。幼斑海豹声信号的峰值频率与成年斑海豹相差不大，但发声持续时间比成年斑海豹长。斑海豹在繁殖季声交流频繁，只要有一个个体遭到噪声的干扰而警觉，其余的个体也会随之警惕起来，过度的警戒会影响到它们的正常生活。

科学家发现斑海豹的主要声频都集中于5赫兹以下，最高可以忍受的高声源级为190分贝。而水下打桩及船舶噪声的主要音量分布频段（0~4赫兹）与斑海豹听阈敏感频段（0.1~100赫兹）及发声频段（0.4~1.5赫兹）相重叠。

此外，海洋工程，如水下打桩，其产生的噪声多在260分贝以上，大大超出斑海豹的承受能力。斑海豹在鳍足类中的听觉最为敏锐，因此海洋工程所产生的水下噪声对斑海豹的听力和声交流能够造成干扰，轻者对斑海豹个体造成惊吓，屏蔽斑海豹群体的声交流信号，重者可能造成斑海豹暂时甚至永久性听力丧失。

阳春三月，西太平洋斑海豹踞守在门头岗的滩角上晒太阳。体型较大的居中，体型较小的横七竖八地簇拥在一起，刚刚出生的小海豹在边缘上上下下玩耍。海豹群集体防御，不时抬头四处张望，其中几只发现危险后迅速下水，其他海豹也随即跟着一起下水。

这些年来，由于民间环保组织和政府管理部门的宣传和保护，渔民们都知道斑海豹是国家一级保护动物，不再伤害它们，并开始保护它们。斑海豹也逐渐不再怕人，人们近距离观察它们时，它们也不会再惊恐逃窜了。

如今，即使大潮来临，淹没了斑海豹的身躯，斑海豹也会将头尾翘起来，依旧懒洋洋地卧在原地不愿意移动，直到潮水把它淹没才肯游走。

门头岗是辽河入海冲积而成的海中滩涂，逐年抬升，上面已经开始长碱蓬草和芦苇了。海潮从滩涂两侧涨落，滩尖子被潮水冲刷，形成陡坎，斑海豹可以随时上下觅食和逃离。这里最适合斑海豹栖息，是它们多少次被"动迁"的新家。20 世纪 80 年代，斑海豹的家在盘山县小道子老渔港，后来因天然岸滩被人为破坏而被迫迁到了六道沟。

放归海豹　摄影／田继光

斑海豹先于人类到达辽东湾辽河入海口，人类在发展的同时，应该给斑海豹和鸟类留出足够的生存空间，因为这里是人类和野生动物共有的家园。

生生不息的轮回

五月的辽河入海口湿地草长莺飞，上年冬天被收割过的湿地冒出嫩紫色的芦笋之后，很快就葳蕤一片了。新的碱蓬草在上一代枯黄的碱蓬草丛中冒出淡红色的嫩芽。

候鸟一批批飞来，又一批批飞走。也有留下的，比如黑嘴鸥，在滩涂和潮沟里觅食沙蚕；几只丹顶鹤似乎也不想再长途跋涉了，留在入海口的湿地上恋爱、产卵、孵雏；反嘴鹬低着头，弯弯的喙在泥里扫荡……它们和斑海豹之间可以和平共处，吃饱喝足的斑海豹也懒得搭理这些会飞的"小朋友们"，任由它们在自己的身边走来走去。

悄悄地，门头岗滩尖子的斑海豹就少了一批。数十只黑衣红眼红喙的蛎鹬站在斑海豹栖息过的地方四下张望，似乎也在纳闷"那些胖墩墩的家伙跑到哪儿去了"。再过几天，这里的斑海豹又少了一批，它们要从渤海绕上一圈到黄海去，可能夏季那里的鱼虾比较多。

从斑海豹洄游批次的不一致，大约能分出它们有几个族群。落单的也有几只——三道沟的渔民偶尔看到过，但是它们都不再上岸。也有误入内河的——有人曾在辽河上游、太子河上游发现过斑海豹的身影。

黑嘴鸥

黑嘴鸥（学名 *Larus saundersi*），中型水鸟，体长31~39厘米。全球性濒危物种，种群数量稀少，仅在中国东部沿海有几处繁殖地，如辽宁、河北、山东及江苏盐城，越冬分布于我国南部沿海（包括我国香港地区）。黑嘴鸥飞翔时甚为醒目。冬羽和夏羽相似，但头部为白色，头顶有淡褐色斑，耳区有黑色斑点。

飞翔中的黑嘴鸥　摄影／田继光

丹顶鹤

丹顶鹤（学名 *Grus japonensis*）是鹤类中的一种，大型涉禽，体长120~160厘米。分布于中国东北、蒙古东部、俄罗斯乌苏里江东岸、朝鲜、韩国和日本北海道。常成对或成家族群和小群活动。迁徙季节和冬季，常由数个或数十个家族群结成较大的群体。有时集群多达40~50只，甚至100多只。但活动时仍在一定区域内分散成小群或家族群。夜间多栖息于四周环水的浅滩上或苇塘边，主要以鱼、虾、水生昆虫、软体动物、蝌蚪、沙蚕、蛤蜊、钉螺以及水生植物的茎、叶、块根、球茎和果实为食。

觅食中的丹顶鹤　摄影／田继光

斑海豹小胖走了

斑海豹小胖走了。什么时候走的，去了哪里，没人知道。只知道第二年深秋的时候它还会回到枣木沟，还会找那块泡沫"拍子"。它的孤独和期盼，没有人知道，虽然有人很想知道。

绘图／墨景页

本文原创者

田继光

 2007 年创建盘锦保护斑海豹志愿者协会，组织民间力量保护西太平洋斑海豹。2010 年获得"中国十大海洋人物"称号；2011 年获得福特汽车环保奖；2012 年获得"水生野生动物保护海昌科普奖"。编著出版《辽东湾斑海豹科普影像》（中国海洋大学出版社 2012 年版），2019 年创建盘锦湿地保护协会。

盘锦湿地保护协会

 2019 年 5 月 22 日成立，前身为 2007 年成立的盘锦保护斑海豹志愿者协会。主管单位为盘锦市林业和湿地保护管理局。目前拥有会员约 3000 人，致力成为辽河入海口滨海湿地生态环境和生物多样性的坚定守护者。

海龟，
被称为"活化石"。
它们的祖先，
3 亿多年前就已出现在地球上。
海龟家族成员的寿命，
通常会达到 50 岁以上，
是动物界当之无愧的"老寿星"。

MYSTERIOUS TURTLE FAMILY 03

神秘的海龟家族

您是不是觉得海龟的外壳都非常坚硬？

海龟中，多数有坚硬的角质盾片（外壳），但有一种海龟却是个例外。成年后的它，周身都披着星星革皮花纹，还有长长的 7 条纵棱，非常漂亮，它还有个别名叫"水母终结者"，它就是棱皮龟（学名 *Dermochelys coriacea*）。

棱皮龟不光是纯正的海龟，还同时拥有五个"海龟之最"：

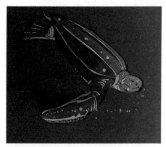

棱皮龟的海中画像　绘图／岳乐成

第一，它是现存龟鳖类中体型最大的；

第二，它是海龟中分布范围最广的；

第三，它是海龟中洄游距离最长的；

第四，它是海龟中游泳速度最快的；

第五，它是海龟中潜水能力最强的。

此外，棱皮龟还有一项神奇技能——调节体温，从而适应从热带到北极地区的所有海域，它能在 7℃的水温中维持 25℃左右的体温，是可以适当调节体温的爬行动物。

不单单是棱皮龟，海龟家族中其他海龟也有很多隐藏的神奇技能。接下来，就让我们共同走近海龟家族。

海龟家族之"海龟七娃"

　　海龟被称为"活化石"，是因为它们的祖先在 3 亿多年前的石炭纪后期就已经出现在地球上。海龟家族成员的寿命相当长，通常会达到 50 岁以上，是动物界当之无愧的"老寿星"。

海底珊瑚中栖息的海龟　摄影／吕思宏

全球现存的海龟仅有 7 种，除棱皮龟属于棱皮龟科以外，其他 6 种海龟都属于海龟科。它们分别是——蠵（音：xī）龟（又名红海龟，学名 *Caretta caretta*）、大西洋丽龟（学名 *Lepidochelys kempii*）、太平洋丽龟（学名 *Lepidochelys olivacea*）、玳瑁（学名 *Eretmochelys imbricata*）、绿海龟（学名 *Chelonia mydas*）和平背龟（学名 *Natator depressus*）。其中，中国有 5 种，分别是棱皮龟、蠵龟、太平洋丽龟、绿海龟、玳瑁。

在大海中遨游的海龟　摄影／吕思宏

一下子听到 7 种海龟是不是感觉很难分辨？其实与动画片中的 7 个身怀绝技的"葫芦娃"一样，"海龟七娃"也有各自的特点，下面我们先学习海龟的辨别秘诀。

大娃：棱皮龟。是海龟中最好辨识的，背上有 7 行纵棱，腹部 5 行纵棱，外壳是柔软的革质皮肤。

二娃：绿海龟。爱吃海藻、海草，体内的脂肪富含叶绿素，因呈现绿色故得名。不过通过身体表面的颜色不能判断是否就是绿海龟，因为它背甲的颜色从赤棕含有亮丽的大花斑到墨色各不相同。它有前额鳞一对，四肢各有一爪，这是其最明显的特征。

三娃：蠵龟，别称红海龟。四肢的背面都呈棕红色，腹部是柠檬黄或黄色。其头大，有两对前额鳞，四肢均有两爪以及 3 对无孔的下缘盾片。

四娃：平背龟。仅在澳洲（现称大洋洲）分布，背甲又薄又扁平，边缘上扬，又称澳洲平背海龟。

五娃：玳瑁。背部花纹特别漂亮，嘴弯如钩，和鹰嘴相似，所以俗称"鹰嘴海龟"，未成年时其背甲呈覆瓦状排列，成年后该特征消失，四肢均有两爪。

六娃：太平洋丽龟。虽然是海龟中体型最小者，却是海龟家族中最凶猛的。辨别它的关键是数龟甲上的盾片，椎盾不少于六块，肋盾有 6 ~ 9 对，背甲后缘呈锯齿状排列。此外，太平洋丽龟的头、四肢和体背为暗橄榄绿色，腹甲为淡橘黄色。

　　七娃：大西洋丽龟。偏好温暖水域。背甲的外形、椎盾和肋盾数量与太平洋丽龟相同，主要通过颜色分辨二者：大西洋丽龟成年个体的胸甲一般是黄绿色或白色的，而背壳则是灰绿色的。此外，大西洋丽龟仅在墨西哥湾有产卵场，主要分布在墨西哥湾及美国东海岸，最远分布在欧洲海岸。

　　虽然这 7 种海龟形态各异，生活在全球各地，但是它们仍保留着很多相同的生活习性和特点。

共同特点：回到故乡繁衍后代

　　海龟从破壳而出之日起，便一直在大海中过着遨游四方的生活。但是，每当繁殖季节来临，不论它们身处何方，哪怕是距离出生地千里之外，也要从四面八方游回故乡——它的出生地，然后筑巢下蛋，繁衍后代。

　　每到这时，雌性海龟便担负起重任，为了繁衍后代而上岸产卵，而雄性海龟则终身生活在大海里。那么，雌性海龟是怎样找到曾经的出生地的？洄游途中，又会发生什么曲折惊险的故事呢？

　　经过科学家的研究，海龟洄游千里也能够找到回家路，很大原因是凭借它们大脑中的磁性物质。这种物质发挥着类似指南针的作

在海底嬉戏的绿海龟　摄影／吕思宏

用，让海龟能感测到地球磁场。同时，海龟还可以利用波浪作为定向标志，来保持自己的航向。

尽管如此，海龟的归家路上依然困难重重，它们必须随时提防可能面临的各种威胁，例如凶猛的鲨鱼和虎鲸。在这样的路途中，怀孕的海龟妈妈往往表现出超乎寻常的忍耐力，尽最大努力赶往沙滩筑巢产卵。

对于产卵时的沙滩选择，海龟妈妈也十分讲究，它们一生中大多会坚持在同一块沙滩产卵。因为那是海龟妈妈出生的地方，对海龟宝宝来说，一定也是最合适的地方。

海龟行动缓慢，动作笨拙，爬到沙滩上筑巢产卵，过程十分辛苦。所以，大多数海龟妈妈通常会把筑巢时间选在晚上，以避开活跃在白天的捕食者和干扰因素。上岸前，海龟妈妈把头露出海面，仔细观察周围情况。有时上岸后，陆地上的灯光，甚至螃蟹在海滩上移动的声音，都会让它们感到危险，从而放弃此次筑巢。

当产卵的日子到来时，海龟妈妈便回到它曾经出生的沙滩，用前肢挖出一个沙坑。随后，还要在坑底挖出一个孵蛋室，在那里产下所有的蛋，再用后肢小心翼翼地将龟蛋用海沙掩埋起来，就像来之前那样，在太阳升起之前，它们会赶回海里。

同许多爬行动物一样，小海龟的性别是由巢穴的温度决定的。随着全球变暖的加剧，海龟家族性别比例的平衡正在被打破，面临着繁殖困难，甚至有灭绝的危险。

在海底小憩的海龟　摄影/吕思宏

海龟宝宝的挑战：破壳而出，逃往大海

海龟一出生就面临着巨大的生存挑战。

第一关就是如何安全地"逃回"大海。

海龟妈妈不会帮助海龟宝宝打破卵壳、离开巢穴，小海龟需要独自完成这项挑战，用自己的力量拱破蛋壳。

破壳而出，仅仅是万里长征的第一步。不要以为冲破了蛋壳的束缚，就能看到大海和阳光。小海龟的身上还盖着一层厚厚的沙子，虽然柔软温暖，但小海龟还需要几天时间挖开沙土，才能呼吸到真正的新鲜空气。

正在奔向大海的小海龟
摄影／吕思宏

小海龟一般会选择在气温凉爽的夜晚或暴雨时分离开巢穴，而且，必须以最快的速度抵达大海，从而避开天敌的捕食。

每一窝海龟蛋有 80 ～ 100 枚不等，因此刚孵化成功的小海龟常常会几十甚至几百只一起蜂拥冲向大海。小海龟冲向海洋的过程，是和死神赛跑的一场竞赛。动作稍慢的小海龟会死于脱水，或是被鸟类、螃蟹等天敌捕获。

最终到达大海的小海龟们只有大概 1/100——有的还没来得及破壳，就感染细菌夭折了，或者被螃蟹或蚂蚁吃掉了；还有大部分会在冲向大海的途中被其他动物吃掉……

生存对于小海龟的挑战远远不止于此，它们还需面临自然界的重重考验。只有不足 1/1000 的小海龟能够活到成年 。每只长大的海龟，都经历过千难万险。

海龟通常会在靠近海岸的海域生长发育，并且在生长发育过程中，随着季节的变化向觅食场漂流。到了繁殖期，它们再次回到出生地附近的海域，交配产卵，代代相传，生生不息……

海龟家族面临的威胁

随着全球生态环境遭到破坏，海龟家族的生存环境正面临严重威胁。除了自然界的重重考验外，人类的很多活动也在干扰伤害着它们。

威胁一：塑料袋、渔网线等难降解废弃物。

水母是海龟最爱吃的食物之一。由于水母体内 95% 都是水，为了获取更多营养，海龟常常会捕食大量水母补充能量。但是，人类向海中丢弃的塑料袋，由于外观和水母相似，常被海龟误食。很多海龟吞食了塑料袋后消化道堵塞，最终痛苦地死去。此外，渔民遗弃海里的渔网也常常会缠绕住海龟，它们被活活困住，因无法呼吸和进食而窒息死亡或是被饿死。

绘图／墨景页

威胁二：海龟蛋交易。

著名的海龟产卵地哥斯达黎加圣克鲁斯海滩，每年 11 月都会迎来数千只海龟。它们在海滩上度过 5 天"产假"，产下 1 亿多枚蛋，任务完成后再返回大海。然而，目前能从这片海滩顺利回到大海的小海龟却越来越少，因为当地居民会拾取海龟蛋去集市上售卖，以此作为一项重要经济来源。每年 11 月，海滩上挤满了捡海龟蛋的人，许多海龟蛋甚至直接在人们脚下变成碎片。同时，海龟蛋也是诸多餐厅的招牌菜。

威胁三：产卵栖息地遭到人类的破坏。

由于海龟的卵产在沙滩上，所以人类在沙滩经营、生态旅游等开发活动酿成了一场场悲剧。曾经，位于希腊地中海海岸的一个国家海洋公园，为了满足游人观看海龟，带动和促进旅游经济的发展，当地政府修建了许多设施。特别是在海滩后岸，专门为到海湾乘船观赏海龟的旅游者修建了咖啡店和舞厅。然而他们却没考虑到，这些场所闪烁的霓虹灯光对小海龟来说是致命的。夜间，一些刚出壳的小海龟会在灯光的引诱下错误地爬向背离大海的方向。当它们离海边越来越远或爬向山坡时，灾难性的事情就发生了——小海龟要么死于脱水，要么成为海鸟和野猫等捕食者的美味佳肴。

刚孵化出来不久的小海龟 摄影／吕思宏

威胁四：地球变暖对海龟性别种群的影响。

海龟的性别与其孵化时的环境温度息息相关，如果环境温度过高，孵化出来的海龟中雌性的比例会增加，如果环境温度过低，则孵化出来的海龟中雄性的比例会增加，只有在特定温度区间内，孵化出来的海龟性别比例才均衡。

全球气候不断变暖使海龟正在经历一场性别失衡的危机。地球上最大、最重要的绿海龟栖息地——澳大利亚大堡礁北部的雷恩岛，目前雌雄海龟之比达到了惊人的116:1，而在20世纪七八十年代，这个比值仅为6:1。由于气候变化，近20年来在雷恩岛出生的海龟几乎全是雌性个体。海龟雌雄比例严重失衡，将可能会摧毁这里的整个海龟种群。

威胁五：人类的猎杀。

各地盛传，海龟全身都是宝。于是，有人精确地测量出：1只116千克的海龟可以得到肉32千克、骨3千克、龟板11.35千克、肝1.15千克、血3.5千克，还有相当数量的内脏及盾片等。这些都能被人类所利用，因此海龟被捕猎的数量巨大。世界每年有成千上万只海龟被猎杀，有些人为了赚更多的钱，甚至残忍地将玳瑁壳从活体上剥下来后再将其放回大海，以期它的背甲还能够再长出从而被再次利用，然而被剥去外壳的玳瑁只会默默地死去。

共同守护海龟家族

海龟见证恐龙时代，历经沧海桑田生存至今，作为海洋生态系统的"伞护种"，促进着海洋物质的循环和能量的流动。海龟作为海洋生物，与人类的命运息息相关。海龟家族未来将会是什么样子呢？海龟未来的续存除了依靠国际社会、国家、科研工作者的研究与保护措施外，更离不开公众的关注和以身作则的保护行动。

在此，为守护海龟家族向人类同胞发出呼吁：

作为一名渔民，请您在出海的时候不要将渔网等垃圾丢弃在海洋里，更不要打捞伤害海龟，误捕之后请就地放生。

作为一家旅行社，请您严格监督游客观赏海龟或夜晚观察海龟产卵。

海中游弋的海龟　摄影／吕思宏

作为一个在海龟产卵地周边生活的人，请您不要破坏产卵地的沙滩，更不要在繁殖季节去挖掘或破坏海龟蛋。

作为一名潜水员，请您不要涂抹富含有害化学制品的防晒霜，不违反潜水员道德，不去伤害海龟。

作为一名商家或消费者，请您保证绝不售卖或购买任何海龟制品。

作为一名地球村的居民，全球变暖是我们共同面临的危机，请您关注节能减排，采用绿色环保的生活方式。

即使你不在海边生活，海洋离你也并不遥远。或许你不曾亲眼见过海龟，但它们遨游在大海的各个角落，与人类共同守护着这个星球！

在海底游走的大海龟 摄影／吕思宏

参考文献

[1] 张孟闻，等．中国动物志 爬行纲 第一卷 总论 龟鳖目 鳄形目 [M].
北京：科学出版社，1998：73-75.

[2] 李纯厚，贾晓平，孙典荣，等．南澎列岛海洋生态及生物多样性 [M].
北京：海洋出版社，2009：168-169.

[3] 汪洋．"龟王"棱皮龟，生死穿越大西洋 [J]．聪明泉（EQ 版），2008(11)：
44-47.

[4] 高崎．海龟识途的秘密 [J]．科学之友，2013(4)：52-53.

[5] 汤家礼．超乎寻常的忍耐 [J]．海洋世界，2005(1)：8-9.

[6] 徐建鹏，郭猛．不完全的海龟生活史 [J]．海洋世界，2009(2)：15-31.

[7] 雅克，等．谨慎才得以存活——绿海龟、军舰鸟及棱皮龟的生活 [J].
海洋世界，2011(12)：54-59.

[8] 魏柯嘉．大堡礁的绿海龟为什么都变成了雌性 [J]．课外阅读，2018(10)：
44-45.

本文原创者

姚洪飞

　　蓝丝带海洋保护协会项目专员。关注海洋生物多样性保护与生态环境治理领域。曾作为国际志愿者项目导师，带领超过 600 名青少年参加公益志愿者活动。

王伟

　　博士、副教授。琼台师范学院科研处副处长。研究领域主要集中于生物多样性、外来入侵生物防控、野生动物保护与利用。主持和参与的国家、省部级等课题 30 余项，目前主持在研项目的科研经费 120 余万元，发表论文 30 多篇。

或许，
你对大马哈鱼比较陌生。
然而，
它们一直在我们的世界路过，
却不为我们所知。
它们是自带 GPS 的著名航海家，
出生后不久，
就要离开家乡去海洋历练，
然后，
凭借对气味的记忆，
找到回家的路，
回到自己出生的河流。
它们通过生殖洄游，
选择更适合的水域，
繁衍后代。

让中国大马哈鱼回家

一直在你的世界路过

说起大马哈鱼，你可能比较陌生，下面就带大家一起回忆几个场景吧！

也许你刚刚在纪录片频道看过一群鱼，它们跃上瀑布，穿过险滩，躲避棕熊捕食，不远万里从海洋回到淡水产卵。洄游过程中，它们体色逐渐变红，产卵后就死在溪水中。它们是父母之爱的代表，因牺牲、奉献、逆流而上的品质一直被歌颂。它们在纪录片中被称为"鲑鱼"，其实就是大马（麻）哈鱼。

世界洄游鱼日宣传海报中的中国大马哈鱼洄游路线图
图片来源/World Fish Migration Day（世界洄游鱼日）
http://www.worldfishmigrationday.com

也许你还记得几年前看的《熊出没之变形记》，电影中熊大、熊二发现每年秋季都会看到的一种鱼看不见了，针对这一现象，熊大、熊二在科学家的帮助下发现，这种鱼消失的原因竟然是电子垃圾堵塞了它们回家的河道，在众多伙伴的不断努力下，它们成功解救了这群想要回家的鱼。电影最后大家一起唱起了"麻哈鱼，跳龙门，来年风调雨又顺"。电影中这群极力想要回家的鱼就是大马哈鱼。

也许你前几天刚去过日餐馆，品尝过三文鱼刺身或者寿司，正回味它的美味。其实你品尝的美味就是大马哈鱼，人们在海洋中捕到大马哈鱼后将其做成各种美食。

三文鱼是海陆间洄游的鲑鱼的统称，在中国境内原生的三文鱼，我们叫它大马哈鱼。中国共有三种大马哈鱼，分别是大马哈鱼（学名 *Oncorhynchus keta*）、驼背大马哈鱼（学名 *O. gorbuscha*）以及马苏大马哈鱼（学名 *O. masou*）。它们生活在黑龙江、绥芬河和图们江的水域中，只有在我国黑龙江省和吉林省才可以见到。所以，你要想亲眼看见它们，只有去东北走一趟了。

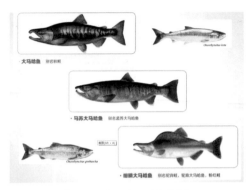

中国三种大马哈鱼（成熟期）
图片来源/Atlas Of Pacific Salmon

"走婚"的大马哈鱼

小时候经常听老人说大马哈鱼是鱼类忠贞的代表，一雄一雌大马哈鱼彼此相伴，从海洋回到它们出生的地方共同筑巢、产卵、守护幼鱼，直至体力耗尽，双双死在巢穴附近。

后来，"让中国大马哈鱼回家"（TAKE ME HOME）公益项目团队成员开始做大马哈鱼保护工作，每年洄游季都要跟踪大马哈鱼，寻找它们的产卵场，察看它们在野外的繁育情况。每当这时候，大家都会产生一个疑问：为什么刚开始洄游的鱼群，大部分是雄性？为什么个别雌性大马哈鱼肚子有点小，明显是进行了一次产卵？

珲春密江河洄游的大马哈鱼　摄影/李延来

　　项目团队逐渐了解大马哈鱼后发现，大马哈鱼并没有老人说的那么忠贞，它们的婚姻状况有点类似于"走婚"——雌鱼作为户主，负责建巢和守护鱼卵的安全，同时拥有选择夫婿的主动权；雄鱼负责争夺更多播种机会，而"有房且帅气"的雄鱼更容易得到雌鱼的青睐，所以在洄游时雄鱼会作为先头部队先行洄游，争夺到合适做"婚房"的"宅基地"，占据有利地形等待雌鱼的到来。

　　在洄游过程中，大马哈鱼的体型也会发生变化，嘴部逐渐呈钩状，体色逐渐变红，驼背大马哈鱼甚至会冒着被天敌发现的危险把

正在为产卵做准备的
雌雄大马哈鱼
摄影/Bob Turner

产卵后力竭而亡的大马哈鱼，它们的身体
将成为河流中众多水生物的重要养料
摄影/Matt Foy

背高高驼起，只因为雌鱼喜欢它们高大威猛的样子。为了争夺交配权，雄性大马哈鱼也算拼尽所能。在交配后，雄性的大马哈鱼会离开雌鱼并继续寻找下一个目标，而雌鱼就会留在原地独自守护鱼卵。

珲春市密江乡大马哈鱼文化村洄
子村绘制的大马哈鱼墙壁画
绘画/黄帅 摄影/高瑞睿

　　雌性大马哈鱼也会选择多个"夫君"，遇到心仪的对象后会多产一些卵，不喜欢的便直接赶走。所以雌鱼的孩子可能来自多个父亲，实现了后代多样性。但无论怎样，最终大马哈鱼妈妈爸爸都会因体力消耗过度而死在产卵的巢穴附近，换一种方式陪伴鱼宝宝长大。

"闹咕咚"

每当春季，人们抬头仰望天空时，会看到排成"人"字形的大雁自南向北迁徙，寻找合适的地方筑巢养育下一代。这种为了种群延续而长距离迁徙的行为同样存在于鱼类，这一过程叫"生殖洄游"。鱼类通过洄游，选择更适合繁衍后代的水域。

世界上有 3 万多种鱼类，占脊椎动物的大约 50%～60%，也就是说鱼类的数量比鸟类、兽类、两栖爬行类总和还要多。但是这么多种鱼中，仅仅有 100 多种是可以在海洋和淡水间洄游的，大马哈鱼就是其中最出名的那个。

黑龙江是历史上大马哈鱼洄游数量最多且洄游路线最长的水域，在淡水中的洄游路线最远可达 3000 千米，可谓世界之最。

为了了解历史上大马哈鱼在黑龙江水域有哪些产卵场，也就是它们洄游的终点在哪里，项目团队 2016 年启动了一项有意思的野外科考活动——"从北极到东极"。团队在冬天最冷的时候出发，从祖国最北点漠河市，沿着北边境线黑龙江，一路向东抵达祖国最东点抚远市。选择冬天开展科考，是因为大马哈鱼产卵场有个特点，即无论室外温度多低，哪怕零下 40℃，这块水域都不会冻上，河床中会不断有水温在 3℃～7℃ 的小冷泉涌出，使此处一直不封冻，给大马哈鱼宝宝们营造了一个温暖又不缺氧的舒适环境。

项目团队 2020 年冬季在逊别拉河大马哈
鱼产卵场进行生态情况科考
摄影／黑龙江省环境保护教育学会

2016 年 1 月，当团队成员走到黑龙江的一条支流逊别拉河的时候，室外温度将近零下 40℃，队员们的手脚已经僵硬。他们来到河边的一位农民朋友家取暖，闲聊中提到此行的目的，农民朋友立即打开了话匣子。农民朋友说他小的时候就生活在这里，每到 10 月，他们在家中就能听到"咕咚咕咚"的声音，就像凿东西，有撞击声，还有水声。最初大家不敢出去看，等声音消失后才小心翼翼地走到河边，经常会发现有黄豆粒大的红色小球球出现在河里，有时候还伴有黏性液体。大家能猜到这是怎么回事吗？

天然产卵场中的大马哈鱼受精卵，它们将在鹅卵石的庇护下慢慢成长
摄影／Bob Turner

没错，这是大马哈鱼要回来产卵了。它们会先用躯体和尾部把在河底的鹅卵石扫到两边，尽可能深挖，然后把卵产在其中，授精后再用鹅卵石把卵埋起来，一方面让卵宝宝可以嵌入石头缝中不被水冲走，另一方面可以防止卵宝宝的天敌红点鲑吃掉他们，所以埋得越深越安全。这就是"咕咚咕咚"声音的来源。久而久之，当地人一听到这个声音就会说："大马哈鱼又回来'闹咕咚'啦！""闹咕咚"就是指大马哈鱼回来筑巢产卵。

红点鲑

绝大多数的鲑鳟鱼类身体为银白色，而斑点为黑色。红点鲑则很不一样，它们身体的颜色较深，身上的斑点多为鲜艳的红颜色，也是一种鲑鳟鱼类，通常不入海，即便入海，也仅在距离河口较近的近海水域生活，不进入远海。红点鲑在北美的种类相对较多，太平洋西岸的地区则相对较少。

我国境内有分布的是花羔红点鲑（学名 *Salvelinus malma*），俗名为花里羔子，这种红点鲑在北美洲也有分布，英文常用名为 Dolly Varden，名字来源于 Charles Dickens 所写的书 *Barnaby Rudge* 中的角色名 Dolly Varden，这也是同时代的一种女士礼服的名字。

由于花羔红点鲑的复合种群现象很复杂，所以直到 1978 年俄亥俄州立大学（Ohio State University）的 Ted Cavender 才将公牛鳟（英文名 Bull Trout，学名 *S. confluentus*）描述并定种，至此两种红点鲑才得以区分。

2021 年，野生的花羔红点鲑晋升为《中国国家重点保护野生动物名录》二级。

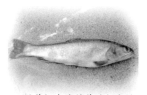

绥芬河水域的花羔红点鲑
拍摄／牛怀顺

珲春市密江乡大马哈鱼文化村洼子村
绘制的大马哈鱼墙壁画
绘图／黄帅 摄影／高瑞睿

大马哈鱼父母们哪怕自己遍体鳞伤，也要给宝宝们建造最安全的家，就像人类的父母保护自己的孩子一样。俗话说：虎毒不食子。看起来，伟大的亲情对于人类和其他动物来说是没有什么区别的。

办个国际护照

当人们出国旅游的时候，需要提前办理护照才能出境，护照上有办证人的出生日期、家庭住址等。那么问题来了，大马哈鱼出生不久就会离开家乡，去海洋里闯荡，它们要游历非常多的国家，它们怎样证明自己的身份呢？它们有证明自己身份的必要吗？它们的"护照"上会有哪些信息呢？

首先，要说明为什么要让大马哈鱼证明自己的身份。大马哈鱼作为世界上很多国家的重要经济鱼种，曾经在多国濒临灭绝，为了恢复大马哈鱼的渔业资源，各国纷纷通过人工增殖放流大马哈鱼鱼苗的手段补充野外种群数量。在这个过程中，需要区分哪些是自然

种群，哪些是人工增殖放流种群。最原始的区分方法就是在放流前
剪去人工增殖种群的脂鳍。

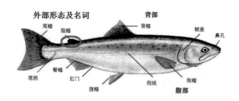

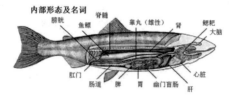

大马哈鱼部位及解剖图

图片来源/South Pugetsound Salmon Enhancement Group
注：鱼的器官由黑龙江省环境保护教育学会李欣标注。

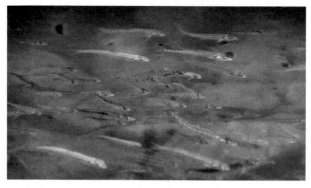

珲春放流的马苏大马哈鱼幼鱼　摄影/永续自然资源保护公益基金会

2020 年东宁鲑鱼放流站对即将放入河流的大马哈鱼鱼苗进行标记
摄影 / 东宁市鲑鱼放流站

　　随着各国放流大马哈鱼的数量增加和放流站增加，对区分大马哈鱼的所在国家、放流站、放流年份等有了更多要求，简单的剪除脂鳍不再能满足分类的需求，于是大家开始尝试各种独特的化学试剂标记法、物理标记法、注射条码等，甚至日本福岛核事故之后，日本人可以根据鱼的受辐射情况了解自己国家放流的鱼的全部分布。

　　每种方法都有自己的优势和劣势，发展到近 20 年，人们发现最适合放流站进行溯源标记的就是耳石标记法。自此人工增殖放流的大马哈鱼鱼苗就有了自己的"国际护照"，每个国家、每个放流站、每年的鱼苗的护照各有不同。有的朋友会好奇，具体怎么办理这份"护照"呢？下面介绍一下什么是耳石标记法。

常见的标记方法和内容

鱼类标记方法众多，目的也各不相同。比较常见的有生物学方法、物理方法和化学方法。

生物学方法

通过一定的基因敲除、基因添加等进行标记，方便辨认标记种群或个体，但是相对技术难度较高。

物理方法

使用特制的标记，在鱼的体内注射一段条码或者装置，主动式标记可以自动发射信号，并由仪器接收信号；被动式标记则无法自动发射信号，需要在标记植入生物体内后，使用检测设备进行查验。

化学方法

使用诸如土霉素等化学制剂，鱼身上便可出现清晰可见的标记。

在鲑鳟鱼类放流这一领域，由于放流数量大，且需要区分不同批次、品种等，最实用简单的办法是耳石温度标记法。鱼卵阶段的鱼便已经有了耳石，通过改变鱼苗孵化的温度，在较短时间内（通常为半小时以内）使水温的温差超过4℃即可在鱼苗的耳石上形成清晰的标记轮。

耳石是鱼耳朵里的一块很小的石头，是脊椎动物用来感受加速度、控制身体平衡的器官，人类也有这样的器官。在大马哈鱼身上，受精卵孵化成为鱼苗之前如果进行超过4℃的环境温度变化调控，可以使耳石上出现一个明显的标记轮，像树的年轮一样，这就是国际上通行的大马哈鱼耳石标记法。

这一方法的关键点是通过调整两次温度变化的时间，在两个标记轮之间制造出短间隔或长间隔。温度标记的次数越多，形成的标记轮越多。如此一来，大马哈鱼的耳石标记可以有无数种组合且不

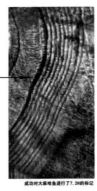

成功对大麻哈鱼进行了7.2H的标记

经过耳石标记后产生的标记轮
摄影／中国海洋大学水产学院张弛

重复。通过这种方法，一个耳石标记可以唯一对应同一年、同一个放流站放流的同一种马哈鱼。有了耳石标记之后，这些鱼无论是在公海还是内海洄游时，科研工作者都可以通过解剖的办法去观察它们的耳石，然后精确定位这条鱼是哪个放流站放流的。

这样，大马哈鱼就相当于有了"国际护照"。每批小鱼苗的"护照号码"都不同，颁发设置这个"护照号码"的是北太平洋溯河（洄游）鱼委员会（NPAFC）。

目前，这项技术在中国还没有推广，项目团队 2018 年开始向 NPAFC 申请号码，并且在珲春放流站试验成功，未来希望能把它应用到中国所有做大马哈鱼放流的放流站里，这样以后在公海上国际组织科考捕捞到带有中国号码标记的大马哈鱼时，就可以直观验证我国人工增殖放流的成效，让全世界都知道中国在恢复大马哈鱼生态方面做出的努力。

北太平洋溯河（洄游）鱼委员会（NPAFC）简要介绍

为了促成北太平洋缔约区域内洄游性种群的有效保育机制，加拿大、日本、俄罗斯以及美国在 1992 年 2 月 11 日签署合约，成立北太平洋溯河（洄游）鱼委员会 (North Pacific Anadromous Fish Commission, NPAFC)。合约于 1993 年 2 月 16 日生效。2003 年 5 月 27 日，韩国也加入该委员会。

赫哲族和大马哈鱼

赫哲族起源于东海女真赫哲部落，是中国的六小民族，人口仅有 5000 多人，是典型的以渔为主的民族。在依山傍水的地理环境中，依靠大小兴安岭、长白山林区及水网密布的松花江、乌苏里江、黑龙江流域带来的富饶资源，赫哲人民形成了"夏捕鱼作粮，冬捉貂易货"的生产生活方式，也孕育出了丰富灿烂的渔猎文化。

赫哲族人在春、秋、冬三季捕鱼，夏季休渔。秋季主要捕捞的就是大马哈鱼，每当白露时节，大马哈鱼就会成群结队地洄游而来，赫哲族的小伙子们就会喊起"达依马哈"（马哈鱼回来啦），纷纷拿起鱼叉，站在岸边瞄准时机地叉捕大马哈鱼。他们会把大马哈鱼肉按照不同部位切成条晒干，吃的时候根据肥瘦取用，也会把鱼整体剖开直接晒，又叫鱼坯子，多的时候能垛成垛存放，远远看去像木头垛似的。

　　赫哲族以前捕鱼穿的衣服、鞋子也是由大马哈鱼鱼皮做成的，熟制好的鱼皮韧性很强，可以达到牛皮的7倍。赫哲族的艺术品鱼皮画的原材料也多来自大马哈鱼鱼皮，记录展现着他们生活的场景。也许，鱼皮画就是他们用做衣服剩的边角料创作的。

赫哲族鱼皮画
摄影／黑龙江省环境保护教育学会

赫哲族文化传承者正在制作大马哈鱼鱼皮画
拍摄地／同江市赫哲族鱼皮文化艺术馆
摄影／黑龙江省环境保护教育学会

　　历史上，赫哲族捕捞仅是为了自给自足，但是近几十年的商业捕捞，使得渔业资源越来越少，很多地方已经见不到了大马哈鱼的踪迹。渔业资源的退化，也让这个与自然密不可分的民族的文化面临消失的危机。鱼不在，渔猎文化何在呢？幸好，黑龙江省和吉林省都在大马哈鱼洄游产卵期间设置了禁渔期，让渔业资源得以恢复！

晾晒的大马哈鱼鱼坯子
摄影／高瑞睿

垛成垛的大马哈鱼鱼坯子
摄影／刘伟石

用大马哈鱼鱼皮制作的鱼皮画
拍摄地／同江市赫哲族鱼皮文化艺术馆　摄影／黑龙江省环境保护教育学会

大马哈鱼禁渔期手绘图标
供图／黑龙江省环境保护教育学会（版权所有）

黑龙江、吉林两省的大马哈鱼保护政策简介

大马哈鱼洄游产卵期主要在秋季，为保护野生渔业资源，黑龙江省和吉林省均设有秋季禁渔期（春夏禁渔期未列入下文）。禁渔期内禁止除娱乐性垂钓之外所有作业方式，渔船、渔具全部撤出作业场所，禁止销售野生水产品等。

黑龙江及乌苏里江干流及所属支流、水库、湖泊、水泡等水域禁渔期：10 月 1 日至 10 月 20 日。

绥芬河干流 2 号桥以下及瑚布图河干流水域禁渔期：10 月 1 日至 10 月 31 日。

图们江干流禁渔期：10 月 1 日 12 时至 10 月 31 日 12 时。图们江支流密江河为国家级大马哈鱼水产种质资源保护区，全年禁渔。

马苏大马哈鱼于 2021 年晋升为国家二级重点保护野生动物。

听说老虎也吃大马哈鱼

大马哈鱼在成长过程中对生态系统有很重要的作用，很多动物都以大马哈鱼为食，大家熟悉的就有海洋中的鲸、陆地上的熊和猛禽、河流中的大鳇鱼等。俄罗斯科学家甚至通过老虎的粪便监测到了大马哈鱼。大马哈鱼洄游将海洋中的营养物质带回内陆，这是少有的海洋反哺河流的案例。

在大马哈鱼产卵的地方，植物往往更加茂盛，它们以一己之力助力整个生物链，因此大马哈鱼属于关键种，在生态系统中不可或缺。

大密江河因生态环境较好，大马哈鱼和马苏大马哈鱼在此均有分布
摄影 / 珲春市密江乡李嘉恒

水中交通堵塞

东北最有名的山就属长白山了，山顶的天池是三条江的源头。向北流出的水形成了图们江，沿着图们江往下就经过大马哈鱼的洄游通道和产卵场——图们江的支流密江河，此处在近五六年一直是大马哈鱼保护地。

古人踏鱼过江的情景　绘图／黄帅

每年秋季，大马哈鱼会成群结队地回到这片水域中。在《吉林通志》中有这样的记载："秋八月，自海逆水入江，驱之不去，充积甚厚，土人有履背渡江者……"意思是："在农历八月，成群的大马哈鱼从海里进入河水，把整个河道都堵塞了，当地人有的踩着鱼背过江。"这应该就是水路上的交通堵塞了吧！可是如今，我们想看一条大马哈鱼都需要在河边蹲守很久，更不用说看到这么壮观的景象了。

大马哈鱼在洄游路上穿越险滩，一路逆流直上的情景
图片来源／黑龙江省环境保护教育学会大马哈鱼乡土教材手绘画

自带 GPS 的航海家

大马哈鱼出生后没多久就要离开家乡去海洋历练，四年后它们再回到家乡"结婚生子"。好多人根深蒂固的印象是鱼只有 7 秒的记忆，这绝对是一个很大的误会。

其实很多鱼的记忆力非常强。以大马哈鱼为例，它们在出生的时候就会记住自己家乡河流中的化学气味。几年之后，它们可以凭着这份儿时的记忆找到回家的路，通过这个气味回到自己出生的河流。

大马哈鱼除了能通过气味找到回家的路之外，还能借助地磁感应找准方向。科学家们发现，大马哈鱼体内的细胞中含有磁极晶体，相当于指南针的磁针，这几乎等于自备了全球定位系统（GPS）。

大马哈鱼能够回到家，还依赖于一项技能，即对天敌的识别。有的大马哈鱼可以嗅出海水中微弱的海豹或海狮的气味；大西洋鲑（三文鱼的一种）可以通过天敌吃的食物来判断敌友，它们只要知道某一个动物是不是吃了自己的同类，就可以判断是否要远离它。

有十八般武艺的大马哈鱼，如今很多时候也会找不到家。它们虽然有非常强的嗅觉，但如果家乡河流的水质发生了变化，那么它的嗅觉再灵敏也起不到作用；它们非常善于跳跃，能跳过小型瀑

大西洋鲑

顾名思义，大西洋鲑是一种生活在大西洋里面的鲑鳟鱼类，它的学名是 *Salmo salar*，商品名即大家熟悉的三文鱼，每年全世界养殖量超过200万吨，其中最重要的产地是挪威和智利，我国也有一些养殖。大西洋鲑也是洄游型鱼类，它们也是在淡水中出生，在海水中长大，最后再回到淡水产卵，但是大西洋鲑有完全的陆封型种群，终生不入海。和绝大多数的太平洋鲑不同，大西洋鲑是可以多次产卵的。

养殖大西洋鲑　摄影/东方海洋韩厚伟

布，但是如果遇到了一座水电站，就相当于阻碍了它前行的路，它只能撞到头破血流；它有非常强的产卵欲望，可以把石头搬开产下自己的后代，但是如果这条河流被破坏，没有原来的那种卵石了，它也就无法找到当年出生的那个家了。守护大马哈鱼就是要守护整条河流的生态系统。

一位加拿大专家讲的故事一直激励着团队前行：温哥华曾经因为城市的发展把大马哈鱼的洄游通道阻断了，科学家们持续努力地修复了 30 年。当要放弃的时候，发现有熊过来了，熊在河边好像在等待着什么，没多久，大马哈鱼也回来了。

贪吃的熊在等候它们的美食——大马哈鱼
图片来源／大马哈鱼乡土教材手绘画

『让中国大马哈鱼回家』公益项目介绍

"让中国大马哈鱼回家"（TAKE ME HOME）生态环境保护公益项目，是由众多中国企业家发起的，旨在利用多种手段保护和恢复中国黑龙江流域、绥芬河流域、图们江流域的大马哈鱼种群资源，并以关键种、伞护种大马哈鱼保护为切入点，引起社会对黑龙江、绥芬河和图们江流域水生态系统的关注，多方合作，让河流充满生机；通过增殖放流技术水平提升、渔业政策倡导及公益型保护地建设示范等方式，探索水生野生动物保护和渔业可持续发展的最佳路径。

永续自然资源保护公益基金会、黑龙江省环境保护教育学会、抚远市大马哈鱼生态环境保护协会同为该项目的执行机构。

"让中国大马哈鱼回家"公益项目团队合影
摄影／黑龙江省环境保护教育学会

生生不息需要希望

团队成员高瑞睿说：每个人都是渺小的，希望我们就是那个"希望"，也希望中国的大马哈鱼能够回到这里来。鱼回来了，希望熊也能回来，那更多的虎、豹也会回来。希望这里能成为动物最安全的家。

本文原创者

高瑞睿

　　黑龙江省环境保护教育学会秘书长，环境督导师，永续自然资源保护公益基金会执行秘书长，"让中国大马哈鱼回家"公益项目联合执行人。

　　她是一位爱跑野外的东北女孩，从小喜欢自然的她，大学期间加入了学生环保社团，成为一名志愿者，毕业后创立黑龙江省环境保护教育学会，并与永续自然资源保护公益基金会理事长张醒生先生等人共同发起"让中国大马哈鱼回家"公益项目。

　　她和同伴们在水生物多样性的保护领域不断探索。熟悉她的人都知道，只要一说起大马哈鱼她就双眼发光，总是在不断地向身边人"安利"大马哈鱼是一种怎样神奇的动物。

　　注：常见的标记内容和方法、北太平洋溯河（洄游）鱼委员会、大西洋鲑、红点鲑等扩展阅读内容由黑龙江省环境保护教育学会李欣补充提供。

中华白海豚聪明、可爱，
是目前唯一以"中华"命名的海豚。
它们身体修长、呈纺锤形，
吻突长且侧扁，
流线型的体形提高了游泳速度。
它们在大海中畅游，
通过三种声信号，
探测水下环境和传递信息。
它们可以"一脑二用"，
边游泳边睡觉。

EXPLORING "GIANT PANDAS AT SEA" 05
探秘"海上大熊猫"

可爱的中华白海豚　摄影／林文治

　　提到大熊猫，首先浮现在你脑海里的应该是憨态可掬的中国"国宝"，甚至是 2022 年北京冬奥会上的顶流"冰墩墩"。但你知道哪种动物被称为"海上大熊猫"吗？它就是今天我们探秘的主角——中华白海豚。

　　海豚大家都不陌生，它们是聪明、可爱的代名词。中华白海豚（学名 *Sousa chinensis*）就是海豚的一种，属于海洋哺乳动物中的鲸目（*Cetacea*）、齿鲸亚目（*Odontoceti*）、海豚科（*Delphinidae*）、白海豚属（*Sousa*），也是目前唯一以"中华"命名的海豚。

为何以"中华"命名?

为什么会以"中华"命名呢?难道是因为它们只生活在中国吗?这要追溯到 1751 年,瑞典学者 Peter Osbeck 航行到中国海域时在珠江口观察到了这种美丽的白海豚,于是将其称为中华海豚(学名 *Delphinus Chinensis*)。1870 年,英国皇家学会会员 Flower 在一篇描述中华白海豚的论文中首次使用了中华白海豚(Chinese White Dolphin)这一名称。

其实早在中国清代的《广东新语》中就曾提及中华白海豚:"南海岁有风鱼之灾。风,飓风,鱼谓暨鱼也。有乌白二种,来辄有风,故又曰风鱼。暨一作〈鱼忌〉。谚曰:乌〈鱼忌〉白〈鱼忌〉,不劳频至。"当时广东一带渔民认为中华白海豚是风雨来临的前兆,而且会吃掉他们的渔获,视它们为不祥之鱼,称之为"乌忌""白忌"。而在厦门一带,渔民们则视中华白海豚为吉祥之物,以海上女神妈祖之名,尊称其为"妈祖鱼"。

虽被冠以"中华"之名,但中华白海豚并不只生活在中国。它们主要分布在东印度洋和西太平洋的近岸水域,北至我国长江以南沿海,东南至马来群岛,西至孟加拉湾及印度半岛南侧,都能观察到它们的身影。在中国,中华白海豚主要栖息于东南沿海的近海岸及河口水域，呈斑块状分布。目前主要种群分布于我国厦门湾、台湾西海岸、珠江口—漠阳江口沿海（含香港）、雷州湾、广西北部湾沿海以及海南岛西侧沿海，其中珠江口水域（含香港、澳门）的中华白海豚种群数量最多。

"豚大十八变"——五彩中华白海豚

看到这里你可能会问，白海豚被称为"白忌"理所应当，可为什么中国古代的渔民还称它们为"乌忌"呢？难道是把其他海豚误认为中华白海豚了吗？

其实智慧的古代渔民还真没有认错，因为中华白海豚随着年龄增长，体色会不断地变化。通常刚出生的幼豚体色为灰黑色，随着它们逐渐长大，体色会渐渐变淡至浅灰色；青年期灰色则慢慢褪去，变成密密麻麻的斑点，开始性成熟；到了壮年期，身上的斑点褪到占身体半成左右；到了老年期，只剩少量斑点，直至斑点消失，身体呈现粉红色或乳白色，跃出海面时非常漂亮。之所以皮肤会呈现粉色，是因为白海豚在快速运动时，血液流速加快，皮下的毛细血管充血所致。

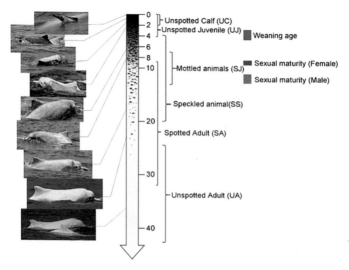

中华白海豚年龄变化与体色变化关系（图中数字为年龄）[1]

所以渔民口中的"乌忌"其实是幼年时的中华白海豚，而"白忌"则是成年中华白海豚。

舐犊情深

中华白海豚宝宝是怎么出生成长的呢？作为海洋哺乳动物，中华白海豚具有陆生哺乳动物最基本的生理特点，都是胎生，需要哺乳，但中华白海豚的生儿育女都在水中进行。中华白海豚的寿命一般为 30~40 年，雌性在 9~10 岁时达到性成熟，而后可以开始繁殖，雄性则滞后数年。中华白海豚全年都可繁殖产仔，但多数研究结果表明，其产仔的高峰期为春季与夏季。

跟人类一样，生儿育女对任何生物都不是一件容易的事情。雌性中华白海豚也需要"怀胎十月"（一般孕期为 10~12 个月）才能产仔，一般情况下一胎一仔，尚未发现一胎两仔的情况。不仅如此，中华白海豚产仔后一般间隔 1~3 年才会再产第二胎。

人类宝宝正常出生时，一般都是头部先出来，但海豚宝宝出生方向正好相反。小海豚出生时尾部先从海豚妈妈体内露出，最后才是头部，这样海豚宝宝在出生过程中不会"呛水"。幼仔出生后的第一口气通常是由海豚妈妈用头将其顶出水面呼吸的。

中华白海豚妈妈和它的宝宝　摄影／林文治

刚出生的中华白海豚宝宝体长约为 1 米（人类新生婴儿体长约为 0.5 米），体重 20~40 千克，牙齿还没露出来，出生后就会游泳。中华白海豚的哺乳期较长，一般为 1~3 年。哺乳期间，海豚宝宝与妈妈形影不离，学习游泳和捕食技巧。哺乳期过后，中华白海豚开始自行摄食，成年后体长 200~265 厘米，体重 150~250 千克。

　　中华白海豚母仔间有强烈的感情，如果白海豚宝宝被误捕或受伤，妈妈绝不轻易放弃，总是围绕在宝宝周围企图营救；若妈妈受伤被捕，宝宝也在原处徘徊不肯离去，所以母仔往往同时被捕获。有时海豚宝宝已经夭折，海豚妈妈还会不停地用身体将它托出水面，试图让它呼吸，据观察，这种行为有时会持续一周。正是这份母仔之间感人的亲情，加上中华白海豚在我国香港附近海域也有分布，1997 年中华白海豚被遴选为香港回归祖国的吉祥物。

中华白海豚妈妈将已经夭折的宝宝托起，试图让它呼吸　摄影／林文治

跃出水面的中华白海豚　摄影／林文治

中华白海豚的食物

哺乳期结束后，中华白海豚要学会独立生活，开始自行捕食，那它们都喜欢吃什么呢？

跟大部分海豚一样，中华白海豚最喜欢吃鱼，由于不同海域渔业资源状况不同，它们吃的鱼可能也不同。但中华白海豚通常生活于水深 20 米以内的浅水沿海地带，如河口、红树林沼泽、海边潟湖等，所以食物以河口鱼类为主，如鲻鱼、白姑鱼、叫姑鱼等。

中华白海豚哪些特征让它们适应在海中觅食呢？它们的身体修长呈纺锤形，吻突长且侧扁，这种流线型的体型能有效减少海水阻力，提高游泳速度。同时作为一种齿鲸，它们上下颌都有圆锥形的牙齿向外倾斜，齿尖向内弯，上颌每侧有 30~35 枚牙齿，下颌每侧有 30~33 枚牙齿，可用于捕食。

中华白海豚喜欢集群活动，少数个体单独活动，群体数量比较小，通常三五成群，偶尔也会出现 40~50 头的情况，群体大小往往与鱼群的规模有关。目前的研究认为，中华白海豚群聚结构较为松散，它们经常更换同伴，有时成年个体多，或老、中、青、幼体组合在一起，有时为老、中、青组成群体。

但，中华白海豚在觅食时会分散开，彼此间隔一段距离，而且它们非常聪明，常常跟随在捕捞渔船的后面"偷鱼"吃。它们咬住鱼之后不咀嚼，直接"囫囵吞枣"到胃里，正因为这样，它们一般只捕食体长为 5~25 厘米的鱼类。

中华白海豚相互交流

人类作为高级群居动物，创造出了语言作为沟通和传递信息的主要方式。大自然中的动物也有其各自独特的交流方式，比如蜜蜂的"舞蹈"、青蛙的鸣叫、孔雀开屏等。生活在海洋中，喜欢群体生活的中华白海豚之间通过什么方式进行交流呢？

原来中华白海豚可以发出三种声信号对水下环境进行探测并和同伴进行交流，这三种信号分别为：通信信号（Whistle，也称哨声信号）、回声定位信号（Click）和应急突发信号（Burst Pulse）。

你追我赶　摄影/林文治

　　哨声信号是一种窄带调频信号，是个体或群体之间的联络信号，相当于人类的"语言"，对引导团队协作和游向有重要作用。哨声信号频率一般低于 20000 赫兹，我们人类可以听到（人类听力范围一般为 20~20000 赫兹）。回声定位信号属于一种高频的宽频脉冲信号，被用于水下导航、定位、觅食等，相当于它们另一双"眼睛"，这种信号的频率较高，人类一般听不到。应急突发信号同属于宽频脉冲信号，但与回声定位信号的区别在于脉冲间隔较小，且强度较低。

绘图 / 画个黑扇面

除了中华白海豚所代表的齿鲸，大自然中还有蝙蝠和猪尾鼠等动物具有回声定位的能力。人类也根据回声定位的原理发明了声呐，即利用声波在水中的传播和反射特性，通过电声转换和信息处理进行导航和测距。

中华白海豚的回声定位系统由两部分组成：一是位于头部前额的声发射系统，二是位于头部下颌区域的声接收系统。在目标探测过程中，它们定向发出信号，再通过接收系统接收回声，传到大脑中进行分析，就知道该方向的环境状况如何，比如有没有美味的鱼群大餐，有没有障碍物等，都可以"看"得一清二楚。

但随着海洋经济的不断发展，频繁的涉海施工和水下作业、繁忙的船舶贸易给海洋带去了各类噪声污染，严重干扰了中华白海豚赖以生存的回声定位系统。研究表明，海洋噪声不仅会掩蔽它们的水下发声信号，而且会对它们的听觉造成损伤，对中华白海豚生命活动造成极大的影响。

"一脑二用"——边游泳边睡觉

我们每天都需要通过一定的睡眠保持良好的身体状态，很多动物也是如此。那中华白海豚需要睡觉吗？它们在海里如何睡觉呢？

讲到中华白海豚的睡眠，不得不先了解它们的呼吸。中华白海豚虽生活在海里，却不是鱼类，没有鳃，需要用肺呼吸。它们有一个呼吸孔，位于头部顶端，呈向前弯的新月形。每次呼吸需要将头部和背部露出水面，打开呼吸孔，呼吸空气，并发出"Chi—Chi"的喷气声，而后关闭呼吸孔潜入水中。这也是前面提到的白海豚宝宝出生时，需要尾部先露出以防"呛水"的原因。

我们有时会看到一些大型鲸类壮观的"喷水"场景，其实那不是在喷水，而是鲸类呼吸时在排出体内的废气，排气时产生的强大气流带动了周边的海水冲向空中。

正是这种呼吸方式导致了中华白海豚与众不同的睡眠模式。对大部分哺乳动物来说，睡眠由慢波睡眠（又称非快速眼动睡眠）和快速眼动睡眠两个睡眠时区组成，两个睡眠时区相互交替，维持整个睡眠过程。比如人类，两个大脑半球会同时进入慢波睡眠状态，称为双半球慢波睡眠。

出水呼吸的中华白海豚　摄影／林文治

中华白海豚想要睡觉，首先需要解决睡觉时呼吸和溺水的矛盾。为了适应水生环境，鲸类进化出了独特的睡眠方式——单半球慢波睡眠，也就是一侧大脑半球清醒而另一侧大脑半球进入慢波睡眠，每隔一段时间两个半球的状态变换一次。所以如果你会潜水，或许可以在海里观察到睁一只眼闭一只眼游来游去的白海豚，这是它们在睡觉，睡觉期间它们也会定期浮出水面呼吸。但捕猎觅食、追逐打闹等复杂的动作，还是要等它们清醒过来后才可以完成。看到这里，你是否开始羡慕中华白海豚"一脑二用"的睡眠方式了呢？

畅游的中华白海豚 摄影／林文治

亟须保护的中华白海豚

中华白海豚是近岸海洋生态系统的旗舰物种和指示物种，位于近岸海域食物链的顶端，具有重要的生态、科研和文化价值。

根据推测，中华白海豚总数在 6000 头左右，而中国是全球最重要的中华白海豚栖息地，种群数量为 4000~5000 头。但有专家提出，这些数字可能过于乐观。此外，随着近海岸生态系统退化，中华白海豚的数量一直呈下降趋势，种群生存面临严重威胁。

中华白海豚 1988 年就被我国列为国家一级重点保护野生动物，1991 年被《濒危野生动植物物种国际贸易公约》（CITES）列入附录Ⅰ，同时受《保护迁移野生动物物种公约》（CMS）保护；2008 年在世界自然保护联盟（International Union for Conservation of

《濒危野生动植物种国际贸易公约》和《保护迁徙野生动物物种公约》

《濒危野生动植物种国际贸易公约》(the Convention on International Trade in Endangered Species of Wild Fauna and Flora, CITES)于1975年7月1日生效。CITES一直是成员最多的保护协议之一,截至2021年有183个缔约国。

附录一的物种为若再进行国际贸易会导致灭绝的动植物,明确规定禁止其国际性的交易,只有在特殊情况下才允许买卖这些物种的标本。

《保护迁徙野生动物物种公约》(Convention on Migratory Species, CMS)于1979年6月23日在德国波恩签订,1983年12月1日生效,由联合国大会批准成立,并由联合国环境规划署(UNEP)提供所需业务支持。该公约旨在保护陆地、海洋和空中的迁徙物种的活动空间范围,在两个附录中分别列出了濒危的迁徙物种和须经协议的迁徙物种。

Nature,IUCN)濒危物种红色名录中由"数据缺乏"(Data Deficient)提升至"近危"(Near Threatened)级别,2018年又由"近危"提升至"易危"(Vulnerable)级别,其中虽然仅台湾西海岸种群被列入"极危"(Critically Endangered)级别,但根据IUCN的判断标准,我国的中华白海豚种群大多都属于"极危"级别,因此中华白海豚又被称为"海上大熊猫"。

中华白海豚处于海洋食物链的顶端,在自然环境下没有天敌,目前影响它们生存最大的"敌人"就是人类。随着海岸工程的数量日益增加，大量的陆源排污等进一步造成滨海湿地退化、过度捕捞造成渔业资源减少、生态系统功能退化，使得中华白海豚栖息地萎缩和严重破碎化。同时水域污染以及海洋噪声污染的加剧，也导致中华白海豚搁浅事件频发，仅 2012—2015 年搁浅死亡数量就超过 100 头。

除此之外，渔业网具的误捕或缠绕也会造成它们的死亡或受伤。像中华白海豚这种体型较小的鲸类，被误捕或缠绕后，常常因无法到达水面呼吸而溺水死亡，仅有少数求生意志强烈的个体会挣破网具获取逃生的机会，但这往往会导致它们的吻或者鳍被折断，留下终身残疾。

一头中华白海豚背鳍被折断　摄影／林文治

为保护中华白海豚及其栖息地，中国先后设立了 7 个中华白海豚自然保护区，其中包括厦门和珠江口两个国家级自然保护区，以及江门 1 个省级自然保护区和汕头、湛江、潮州、饶平 4 个市县级自然保护区。此外，广西合浦儒艮国家级自然保护区以及相关水产种质资源保护区、海洋特别保护区近年来也开始关注水域内中华白海豚的研究和保护工作。希望在这些保护措施下，人类与中华白海豚可以和谐共生。

参考文献

[1]GUO L, LIN W Z, et al. Investigating the age composition of Indo-Pacific humpback dolphins in the Pearl River Estuary based on their pigmentation pattern [J]. Marine Biology, 2020(4): 179-188.

[2]OSBECK P. Reise nach Ostinden und China(A voyage to China and the East Indies)[M]. London: Koppe, Rostock(original in German, English translation printed for Benjamin White at Horace's Head), 1979: 1-765.

[3]FLOWER W H. Description of the skeleton of the Chinese White Dolphin (*Delphinus sinensis* Osbeck)[J]. Transactions of the Zoological Society of London, 1870(7): 151-160.

[4] 布莲思，许家耀. 中华白海豚的过去与未来 [J]. 森林与人类，2021(7): 50-53.

[5] 钟铭鼎 . 厦门湾中华白海豚种群生态学研究 [D]. 厦门：自然资源部第三海洋研究所 , 2021.

[6] 郭亦玲 . 广东省江门市海域中华白海豚（*Sousa chinensis*）种群数量及其饵料资源的调查 [D]. 威海：山东大学 , 2017.

[7] 徐信荣，陈炳耀 . 中华白海豚 (*Sousa chinensis*) 生物学研究进展 [J]. 南京师大学报 (自然科学版), 2013, 36(4):126-133.

[8] 肖尤盛 . 中华白海豚的特征及习性 [J]. 海洋与渔业 , 2019(7):19.

[9] 王丕烈，韩家波 . 中国水域中华白海豚种群分布现状与保护 [J]. 海洋环境科学 , 2007(5):484-487.

[10] 罗文宇 . 典型齿鲸回声定位信号的检测与识别 [D]. 厦门：厦门大学 , 2020.

[11] 宋忠长，张金虎，冯文，等 . 齿鲸生物声呐目标探测研究综述 [J]. 物理学报 , 2021, 70(15):154-302.

[12] 殷梦馨 . 鲸类 PER3 基因及特异突变对其独特 USWS 睡眠模式调节的探究 [D]. 南京：南京师范大学 , 2021.

[13] 中国农业部 . 农业部关于印发《中华白海豚保护行动计划（2017—2026 年）》 的 通 知 [EB/OL]. http://www.moa.gov.cn/nybgb/2017/201711/201802/t20180201_6136234.htm.

本文原创者

刘青

女，会计师，蓝丝带海洋保护协会项目专员。

毕业于山东财经大学审计学专业，曾就职于智行基金会和北京病痛挑战公益基金会开展助学以及罕见病医疗援助项目。2021年加入蓝丝带海洋保护协会，开展东亚江豚保护救助等相关保护与研究工作。

林文治

男，博士，中国科学院深海工程与科学研究所副研究员。

种群生物学和系统发育学专家，主要研究环境变化对近岸鲸类种群演化的影响。曾负责港珠澳大桥施工期间伶仃洋（粤属海域）中华白海豚的种群监测计划；有超过10年的海上工作经验，为我国主要的中华白海豚种群建立超过3000头个体档案；目前工作聚焦在如何通过基于个体水平的种群建模辨别关键致胁因素，并提出可量化评估的策略性保护计划。

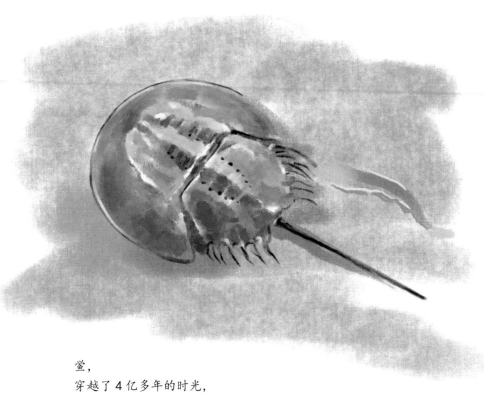

鲎，
穿越了 4 亿多年的时光，
经历了 5 次生物大灭绝的考验，
存活至今，
被称为"海洋活化石"。
中国鲎，
形态奇特，
披盔戴甲，
剑尾锋利。
每年春夏之交，
进入繁殖期后，
鲎将卵埋在沙子里，
等待孵化。

HORSESHOE CRABS THROUGH TIME AND SPACE 06

穿越时空的鲎

一只有文化的鲎

有一只中国鲎，出生于 2013 年。它生活在北部湾的海边。

很多人都不知道怎么念它的名字，有误读成"鳖"（biē）的，或者读成"鳌"（áo）的，还有读成"蚝"（háo）的。其实它的名字没有不同的读法，只是它有不同的名字，方言里也会有不同读音。"鲎"字在普通话中与"后"（hòu）字同音，在福建方言中与"孝"字同音，在粤语中与"学"字同音。

长辈们曾说，鲎是有文化的动物，确实如此，在我国古代，很早便有了关于鲎的记载。宋代的《尔雅·翼》中有"雌常负雄，虽风涛终不解，故号鱼媚。失雄则不能独活，渔者取之必得其双，故吴都赋云乘鲎鼋鼍"的记载，描述了鲎在繁殖季节借高潮上岸产卵时雌雄交配的场景。也因此，鲎有了"夫妻鱼""海底鸳鸯"这些俗名。在沿海地区，鲎还被融入当地的文化中，形成了许多生动有趣的俗语、谚语，比如"抓鲎公，衰三冬""抓鲎母，衰一斗仔久"，意思是如果只抓成对出现的成鲎中的一只，就好像拆散了他人的好姻缘，是会带来厄运的。又如"鲎脚鲎蛲"，比喻有人办事不利索、迟钝、慢吞吞，也是当地人对鲎的习性非常了解以后总结出的生活用语。

中国鲎

中国鲎（学名 *Tachypleus tridentatus*）不只分布在中国，生活在日本的鲎被当地人称为「日本鲎」（Japanese Horseshoe Crab），在其他亚洲国家生活的鲎被称为「亚洲鲎」（Asian Horseshoe Crab）。

绘图／墨景页

　　中国鲎的形态太过于奇特，披盔戴甲，剑尾锋利，因此我国民间还认为鲎有驱邪镇宅之用。我国台湾金门的居民会将鲎腹部的壳彩绘成老虎的样子，称为"虎头牌"，悬挂于门楣上以驱邪镇宅。除了辟邪，鲎在我国南方沿海居民的生活中还有很实际的用途——用鲎的壳制作成"鲎靴"，用来舀取东西或者炒菜。鲎真的是能文能武，出得厅堂，下得厨房。

美洲鲎：大型鲎，主要分布于北美东部美国缅因州至犹加敦半岛沿海。

南方鲎：中型鲎，又称「巨鲎」，分布于泰国马来半岛和马来群岛沿岸。

圆尾鲎：小型鲎，分布于东南亚沿海。

海洋活化石的特异功能

鲎被称为"海洋活化石"。能够被称为活化石的生物可不多，要知道，跟鲎祖先生活在同一时代的三叶虫早已灭绝，比鲎晚了两亿年才出现在地球上的恐龙家族也已成为化石，而鲎的家族幸存至今。

鲎穿越了 4 亿多年的时光，经历了 5 次生物大灭绝的考验，存活至今。现在，鲎的家族分化成了四种不同的物种，分别是生活在美国东海岸的美洲鲎（学名 *Limulus polyphemus*），生活在亚洲东南岸和东岸的中国鲎（学名 *Tachypleus tridentatus*）、南方鲎（学名 *Tachypleus gigas*）及圆尾鲎（学名 *Carcinoscorpius rotundicauda*）。其中，圆尾鲎和中国鲎在我国南方沿海有分布。

圆尾鲎除了尾巴比中国鲎光滑圆润一些外，其他形态二者十分相似；但圆尾鲎的个头太小，只有碗口那么大，是全世界体型最小的鲎，中国鲎则是全世界体型最大的鲎，个头足有脸盆那么大。

圆尾鲎体内自带高浓度的类河豚毒素，如果有人胆子大吃了它，一不小心就会中毒。

鲎的血液特别宝贵。首先，鲎的血液不是红色的，而是蓝色的，因为它们体内没有血红蛋白，取而代之的是血蓝蛋白，血液中有丰富的铜离子。但颜色不是它们血液的最神奇之处，鲎的血液的颗粒细胞中含有能与细菌内毒素起凝结反应的酶系统，被科学家发现并建立起用鲎试剂（鲎血细胞溶解物）检测细菌内毒素以及真菌葡聚糖的方法，广泛应用于几乎所有医学领域。人们用的疫苗、试剂等都需要经过鲎试剂检测安全后才能用在人体。然而，因为这一功用，鲎几乎陷入"灭顶之灾"。

在人类的渔网中解被救出来的成年雌鲎　摄影／林吴颖

中国鲨与圆尾鲨的区别

可以从体型大小和剑尾形状特征上快速分辨。

体型：中国鲨是四种鲨中体型最大的，成年中国鲨的体型相较成年圆尾鲨更大，体长可达50～65厘米；成年圆尾鲨体长仅为成年中国鲨的1/3不到。

剑尾：如果剑尾有棱有刺，截面呈三角形，基本就是中国鲨；如果剑尾光滑圆润，截面近圆形，则为圆尾鲨。而且，中国鲨的腹甲与剑尾交界处有突出的三个棘刺，形成三角形，这也是中国鲨被称为『三棘鲨』的原因。

灾难与转机

在鲎试剂发展的几十年时间里，全球对鲎的捕捞量越来越大，有些用于取血，有些卖到餐厅里被人吃掉。不规范的采血经常使鲎奄奄一息，甚至有些鲎的血被抽完后就会被吃掉。

2013年，中国鲎家族已经危在旦夕。浙江、福建的种群已经十分式微，而北部湾沿岸的广西、广东、海南的种群也境况堪忧。

每年春夏之交，中国鲎进入繁殖期。它们会成双成对从海里趁着大潮游到岸边的沙滩上交配、产卵，将它们的卵埋在沙子里等待孵化，然后再回到大海里。但是，并不是所有中国鲎都可以顺利产卵并回到大海。

当一对中国鲎历经千辛万苦，穿过一道道迷魂阵般的渔网，努力向曾经出生的地方游去时，由于海边很多地方都已被开发，它们要游很久才能找到适合产卵的沙滩。抵达产卵沙滩的时候，同行的伙伴可能已所剩无几。在完成繁殖使命返回途中，鲎还有可能被渔网困住。而幼年鲎即便能在沙滩上顺利长大，也面临被赶海的游客抓走的厄运。

为了使更多人了解和保护鲎，志愿者们会开展鲎类野外种群调查，也会带着小朋友们把科学家在实验室中孵化出的幼鲎进行"增殖放流"，还会救出困在渔网里或被埋在岸边垃圾堆中的鲎，然后将它们重新放归滩涂或者大海。

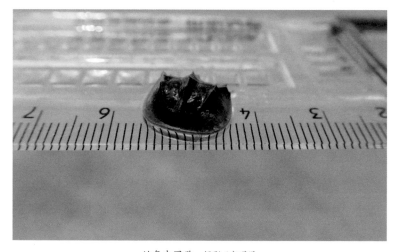

幼年中国鲎　摄影／郭潇滢

环保公益组织广西生物多样性研究和保护协会（简称美境自然）从2014年在北部湾潮间带滩涂开展鲎类种群监测，了解鲎类资源现状、变化趋势，得到其栖息地信息和相关分布密度的资料，为有关部门制定保护和管理措施提供基础材料。

鲎类野外种群调查方法根据调查地点的类型和地形可分为两类：样线调查和地笼网调查（仅山口红树林国家级自然保护区一个调查点）。其中，样线调查法主要针对以潮间带滩涂为育幼场的幼鲎，地笼网调查主要针对以红树林为栖息地的圆尾鲎。

鲎与螃蟹一样，要经历多次蜕壳才能长大。鲎每蜕壳一次壳长大约为「一龄」。刚孵化的鲎称为「一龄小鲎」，它们没有剑尾，外形像远古的三叶虫，因此又称「三叶虫期」。鲎是从头胸甲的前缘开始蜕壳的，每蜕壳一次壳大约成长1.3~1.5倍。从孵化到成年，母鲎需要蜕壳约13次，公鲎需要蜕壳约14次，至少需要10年的时间才会性成熟并开始传宗接代。

美境自然的工作人员与专家带志愿者到滩涂学习鲎与其他底栖生物、滨海湿地的知识
摄影／林吴颖

鲎的蜕壳 摄影／郭潇滢

2021 年 2 月 5 日，新的《国家重点保护野生动物名录》正式公布，在中国分布的两种鲎科动物——中国鲎、圆尾鲎，终于正式升级为国家二级重点保护野生动物。不经过法律允许的捕捞、运输、买卖等都会受到法律的制裁。

希望有那么一天，鲎回家的路上不再有渔网拦截，人们可以见到中国鲎成群产卵的繁盛景象！

回归大海的中国鲎 摄影 / 林昊颖

被出海捕鱼的渔民用渔网捕捞上来的幼鲎，
由于个体太小缺乏经济价值，
被渔民随意丢弃在沙滩边，成了"垃圾"，
不久就将死去
摄影 / 林昊颖

鲎道 摄影 / 郭潇滢

本文原创者

林吴颖

  爱栖自然保护行动者公益基金发起人，城市自然探索家计划发起人之一，2018 年皮尤海洋保护学者，IUCN 鲎专家组成员，家园归航全球女性领导力项目成员。曾任职于野生动植物保护国际（FFI）、美境自然等国内外自然保护机构，具有 10 年的自然保护领域实践经验。长期致力于保护中国南方丰富而脆弱的生物多样性，目前致力于推动基于公民科学的自然保护实践与行动网络构建。

觅食的长江江豚　摄影／余会功

微笑天使江豚，
长着圆圆的嘴巴。
它们拥有三大"神技能"：
一是自带"回声定位系统"，
二是胖瘦尽在掌握，
三是一天到晚不停游。
看似呆萌的它，
非常聪明，
成年江豚的智力，
相当于四五岁孩子的。

STORIES ABOUT FINLESS PORPOISES THAT YOU DON'T KNOW 07
关于江豚那些你不知道的故事

说到长江江豚，大家已经慢慢熟悉它们了。长江江豚，简称江豚，小名叫江猪，字水中大熊猫，号江猪子，和人类一样也是哺乳动物。白鱀豚（学名 *Lipotes vexillifer*）"功能性灭绝"后，江豚就是长江中唯一的淡水水生哺乳动物了。

总是微笑的"极危"动物

目前，长江江豚仅生活在宜昌到上海的长江干流和鄱阳湖、洞庭湖中（长江的支流中偶有发现）。江豚全身浅灰色接近黑色；没有背鳍，圆嘴巴（没有其他豚类常见的嘴巴前的长喙），嘴角上扬，看起来似乎总是微笑。成年个体身长 1.2 米以上，也可以像人一样长成 1.8 米的大高个子，是典型的"胖子"。很多特征和人类似，也有手和脚，也有心肝脾肺肾，也有感情，也有爱恨情仇。可惜的是，它们的寿命只有 20 多年。

有的江豚天生寿命短，也有的江豚因遭遇不幸而不能"寿终正寝"。20 世纪，我国科学家开始研究长江江豚，那时候江豚随处可见，上万头都是有的，一群群黑压压地游过来，很多渔民甚至担心会把他们捕鱼的小船拱翻了。然而到了 2006 年，全长江流域科学考察发现，长江江豚仅剩 3000 头左右；2012 年科学考察结果让

"微笑"的长江江豚　摄影／余会功

人毛骨悚然，江豚数量仅为 1045 头，年下降速率达 13.7%；2017
年考察结果为 1012 头，下降速率有所降低，但是仍然岌岌可危。
2013 年，长江江豚被世界自然保护联盟（IUCN）濒危物种红色名
录评定为"极危"（CR）等级。

白鱀豚

鲸目、白鱀豚科、白鱀
豚属。

中国特有的淡水哺乳动
物，体形呈纺锤形，嘴前有
长喙，有背鳍，身长 2~2.5
米，体重可达 200 千克以上。
主要生活在长江中下游及与
其连通的洞庭湖、鄱阳湖等
水域中。2006 年秋天的长江
全流域淡水豚考察中，在长
江干流从宜昌到上海，包括
鄱阳湖、洞庭湖及重要支流
中均没有发现一头白鱀豚，
次年被宣布「功能性灭绝」。

区分河豚、江豚和海豚

河豚是鱼，用鳃呼吸，是会生气的鱼，尾巴上下生长、左右摆动。

江豚是哺乳动物，用肺呼吸，尾巴左右生长、上下摆动。

常见的海豚以瓶鼻海豚为例，有尖嘴巴、有背鳍、江豚是圆嘴巴无背鳍。

"微笑"的长江江豚　摄影／杜华柱

江豚的"神技能"

"神技能"一：自带"回声定位系统"。

江豚虽然长着一双灵动的大眼睛，又萌又帅，但是总有人说它是"睁眼瞎"。之所以人们有这种误解，是因为江豚生活的水体太浑浊，任凭视力再好也看不到多远。实际上，长江江豚自带"回声定位系统"，使用超强的超声波（人是听不到的，一般人的耳朵最多只能听到频率 2 万赫兹以内的声波，而高于 2 万赫兹的声波才叫超声波）。江豚脑袋前面有一处叫"额隆"的地方会发出超声信号，遇到需要探测的物体后被反弹回来，然后江豚再分析这是什么东西，接着进行导航或者捕食。大家都很好奇额隆里究竟有什么神秘器官，然而解剖意外死亡的江豚后发现，额隆里不过是脂肪细胞，肉眼丝毫看不出异样。所以，"超声波导航"绝对算得上江豚的一项"神技能"。

"神技能"二：胖瘦尽在掌握。

许多人把江豚称为"黑胖子"，黑是天生就黑，但是胖并不是常态。大家可能不知道，江豚每年都要减一次肥。秋天，丰收的季节，为了御寒，江豚们开始肆无忌惮地吃，进入了"长秋膘"的过程，毕竟到了冬天是要靠着这身膘御寒的，脂肪层（天然的保暖内衣）太薄，就要被冻死。可是到了夏天，厚厚的脂肪层就太热了。每到初夏，江豚就会开始减肥。有时候它们会吃得少一点，运动量会增加一点，但这都不是主要的办法。毕竟"少吃多动"并非减肥的唯一选择，江豚这时会开启"神技能"，靠自己调节激素促进代谢，通过增加脂肪消耗来减肥。然而这项"神技能"只有江豚才有，对于想减肥的人来说，只能是望之兴叹了！

浮出水面的长江江豚　摄影／余会功

水中游泳的长江江豚　摄影／余会功

"神技能"三：一天到晚不停游。

　　说到游泳，江豚可谓是长江里的佼佼者，虽然未必比游泳健将游得快（其实也说不准，看极限），但是比耐力，江豚绝对胜出。江豚可以夜以继日不停地游，貌似不休息也不睡觉，但实际上只是人们看不出来而已。因为江豚是左右脑交替休息的，左边大脑控制游泳时右边休息，右边大脑控制游泳时左边休息，这和我们前面介绍的中华白海豚一样。只要大脑休息好，一直游下去不成问题，除了出水呼吸空气中的氧气，它们会一直游，一直游……一游就是一辈子！

江豚减少的原因

看似呆萌的江豚可不傻，某些方面比人类还聪明。然而，聪明的江豚为什么会消失得这么快呢？

跃出水面的长江江豚　摄影／余会功

◎ 极端气候、水面冰封等原因可能导致江豚无法出水呼吸、窒息而亡；

◎ 船只快速行驶时，它的螺旋桨可能打伤江豚，甚至直接导致江豚死亡；

◎ 水利工程建设和非法采砂可能直接让江豚失去赖以生存的家园；

◎ 船只和水面施工带来的噪声会干扰江豚的"导航系统"，让它们迷失方向，不知归处；

◎ 最可怜的是曾经有段时间它们经常因为没有食物而被饿死。

长江江豚是长江生态系统的旗舰物种，也是指示物种，它的兴衰存亡反映了整个生态系统是否健康，江豚和人类的命运息息相关。

保护江豚刻不容缓

保护江豚，刻不容缓，全国都吹起了保护江豚的号角。国家成立了农业农村部长江办，专管江豚保护；科研部门加强了研究和保护实践，并且给予各地实实在在的保护建议；江豚各个保护区积极努力，又新建了何王庙/湖南华容集成和安庆西江迁地保护区；民间环保公益组织也在多个战线宣传江豚保护工作。

党的十八大以来，随着长江经济带生态环境保护发生转折性变化，长江江豚保护措施、机制不断完善。2016年12月，原农业部印发《长江江豚拯救行动计划（2016—2025）》，提出「基本维持干流和两湖长江江豚自然种群相对稳定，自然种群的衰退速度明显下降」等目标。农业农村部2018年7月发布的长江江豚科学考察情况显示，长江江豚数量约为1012头，极度濒危状况虽仍未改变，但种群数量大幅下降趋势得到遏制。2018年9月，国务院办公厅印发《关于加强长江水生生物保护工作的意见》，提出「实施中华鲟、长江鲟、长江江豚为代表的珍稀濒危水生生物抢救性保护行动」。

资料来源：《人民日报》（2021年9月3日13版）。

我国高度重视长江江豚保护。自20世纪80年代起，逐步探索了就地保护、迁地保护、人工繁育三大保护策略。其中，迁地保护，即选择一些生态环境与长江干流相似的水域建立迁地保护地，是当前保护长江江豚最直接、最有效的措施。

至今，我国已建立5个迁地保护地，迁地保护地群体总量超过150头。

一群长江江豚　摄影／余会功

觅食的长江江豚　摄影／余会功

本文作者钱正义在进行江豚的
公益直播活动
图片来源／长江生态保护基金会

长江生态保护基金会（Changjiang Conservation Foundation, CCF）是江豚保护中的新兵，2016年成立，发起"留住长江的微笑"江豚保护项目，旨在"携手拯救江豚，共建生命长江"。CCF 在长江沿岸建立巡护点，巡护救护江豚，举报非法渔业、挖沙等，加强对长江生态及江豚的管理与保护，影响更多人加入江豚保护队伍。同时加快推进渔民转产转业工程，帮助部分专业渔民从"捕鱼人"转型为"护渔护豚员"，更是在渔政部门主导下，建立社会化参与长江江豚保护的新机制，同时逐步解决渔政执法工作中人手不足等困难。通过"小豚大爱"等资助项目陪伴江豚保护 NGO 组织的成长，形成政府部门、科研院所、爱心企业、NGO 和社会公众，各自发挥优势、形成合力共同参与江豚保护的新局面。

微笑的长江江豚　摄影 / 杜华柱

巡护员们 摄影／杜华柱

"虽然风里来雨里去，起早贪黑，有时候晚上要和渔政一起出去抓电打鱼，但是苦点累点我们都不怕，最怕的是同村的渔民不理解，指着我们脊梁骨骂我们是走狗，骂我们是叛徒。有些猖狂的电打鱼团伙还要报复我的家人（尴尬一笑）。这些我们兄弟们都已经开始慢慢习惯了，选择了这条路，我自己虽然没有什么文化，但是我觉得他们是对的，这是做好事。以后不管遇到什么困难，只要我还活着，我就会做下去。现在国家开始渔民转产转业了，也有越来越多的渔民开始理解我们了……"

——协助巡护员 郝爱军

巡护员们 摄影／杜华柱

"我是第一批协助巡护员，从2017年6月开始做的，这几年经历的事情有苦也有甜，虽然是苦多甜少，但是只要能保护江豚，只要国家不嫌弃我们，我们就会一直干下去。虽然工资没法养活全家，只够我们老两口吃饭的，但是好在女儿女婿争气，自己也能凭自己的劳动养活孩子。他们虽然知道我做的事是好事，但一开始还是担心各种风险，也劝过我不要做了。这三年来，经历了些事情，大家都看到了洞庭湖的变化，特别是有很多小江豚出生，他们也支持我了。我今年50岁，我至少还能再干10年，10年之后我们邀请大家来洞庭湖看江豚，不会像现在这样要凭运气才能看到，那时保证大家在洞庭湖的大部分地方都能看到江豚欢快地游泳！"

——洞庭湖协助巡护队巡护员 周界武

本文原创者

钱正义

中科院水生所博士，从事江豚保护 10 余年，现任长江生态保护基金会副秘书长，兼任长江江豚拯救联盟副秘书长。

在新疆乌伦古河流域，
生活着有智慧的蒙新河狸。
这些可爱的小家伙，
在河水里游来游去。
它们
会产香泌油，
也会建造别墅，
还会修筑水坝，
更会自制大"冰箱"，
甚至会啃倒大树。

THE SPIRIT OF ULUNGU RIVER—BEAVERS 08

乌伦古河的精灵——蒙新河狸

在新疆乌伦古河流域，树木成林，水流遍地。这里也是蚊子、蠓虫等叮人昆虫的天堂，你在这里能体会到真正的"夏蚊成雷"。如果有人在河谷的树林中穿行，经常一脚下去，"轰"的一下就会腾起一坨"乌云"——黑压压的，全是蚊子。前些年，驻守在这里的边防战士们养的猪都受不了蚊子的叮咬，撞墙"自杀"，为此还上了新闻。猪皮厚，且如此，何况人呢！就算是军裤加冲锋裤，也照样难敌蚊子的袭击，腿上经常被咬得疙疙瘩瘩，跟鳄鱼皮一样。

蒙新河狸在中国唯一的家乡——乌伦古河流域
摄影／初雯雯

都这么可怕了，可"河狸公主"初雯雯为啥还去那里呢？因为她最爱的一个小物种——会产香泌油、建造别墅、修筑水坝、啃倒大树、在河水里游来游去的河狸，就只生活在那里。这些有智慧的小家伙叫作蒙新河狸（学名 *Castor fiber birulai*），属于河狸的一个亚种，仅分布于新疆阿勒泰地区的乌伦古河流域。目前的观测记录显示，它们仅存 190 个家族，数量约为 598 只[①]，比大熊猫还稀少，和大熊猫同样可爱。蒙新河狸长得圆咕隆咚，全身毛皮蓬松，俨然一个棕色的球。这些皮毛分为两层，底绒贴身，外层是用来抹防水油脂的长毛，很有层次，看着就像一块会移动的巧克力。初雯雯每次看到它们都幸福感爆棚，就像看到了一块又一块的巧克力。

圆咕隆咚的蒙新河狸　摄影／初雯雯

① 该数据为 2021 年监测结果，达到有观测数据以来的峰值，2018 年为 500 只。

生存全部靠鼻子

蒙新河狸属啮齿目、河狸科。它们的耳朵小小的，萌萌哒；它们的眼睛，就像两颗绿豆；整体像是镶了两颗绿豆的拖鞋；它们的鼻子长得像个栗子，而且是被掏了两个洞的栗子，不过这也是它们最好用的工具：寻找食物、辨别领地、发现天敌，就连找女朋友或男朋友……也全都是靠鼻子。

大约在3400万年前的渐新世①初期的"大间断"时期，河狸的祖先就出现了。它们拥有很特殊的皮质尾巴，和鸭嘴兽的一样。曾经，它们和牛一样大，但随着时间的推移，它们的体形慢慢变小，并繁衍至今，从未灭绝。蒙新河狸的尾巴是扁的，且呈椭圆状，这也是它们最特别的一点。虽然尾巴中间能摸到骨头，但看着还是很像鞋垫。在游泳时，"鞋垫"的作用就体现出来了——掌握方向和吓唬人。每次有人默默地走在河道里，不小心被河狸发现时，都会被当成入侵者。河狸受到惊扰，会把上半个身子稍稍往上蹿，再一下子潜入水中，到了尾巴接触水面的一瞬，它会猛力拍击，发出"piaji"的一声，人就会被吓得浑身一抖，扭头跑掉。

---

① 渐新世（Oligocene）是地质时代中古近纪（Paleogene）的最后一个主要分期，大约开始于3400万年前，终于2300万年前，介于始新世（Eocene）与新近纪的中新世（Miocene）之间。

河狸的领地意识很强，如果有别的河狸入侵，会发生激烈打斗
摄影／初雯雯

　　蒙新河狸很时尚，拥有自己的"河狸牌"香水。它们的肛门附近有两个腺体，会分泌气味浓烈的河狸香，同龙涎香、麝香、灵猫香并称为世界四大动物名香。河狸每次标记领地时，都会拿小爪子掘出半个拳头大小呈金字塔形状的土堆，再往上面挤点儿河狸香，这样，方圆几千米内的河狸都知道这片领地属于哪个家族、哪只河狸了。

夜晚和水的保护

蒙新河狸几乎没有任何防御能力，它们唯一的武器就是那对大板牙。不过，大板牙对于反击天敌没啥帮助，因为蒙新河狸的身体肉嘟嘟的，不可能打得过狐狸和狼，甚至最小的鼬科动物都会对它们产生威胁。

人们看它们像巧克力，可在那些林间的食肉动物眼里，它们那脂肥肉厚的身躯可是真正的"巧克力"。不过，蒙新河狸想出了解决办法：狼、狗、狐狸和人类这些天敌都会在白天出现，"我打你不过，那么你瘦你们玩儿，我胖我先睡，没什么大不了的，淡然应对"。于是，蒙新河狸日间钻回窝里，晚上出来活动，变成了昼伏夜出的物种。

那么，很多夜间出没的动物，比如猫头鹰、鼬科动物（黄鼠狼、虎鼬）这类捕食者怎么办呢？蒙新河狸想："既然老天爷给了我人畜无害的五短身材，反正打不过，我躲呗！"于是，蒙新河狸在夜间活动时，会以水环境为隐蔽媒介，有任何危险征兆出现时都会迅速潜入水下，就连吃饭都要在河湾的浅滩上进行，以便逃跑。一旦有任何风吹草动，它们就会"嗖"的一下蹿入水中，直到游开好远，才敢露头观察一下敌情。如果它在水面上看到较为可怕的天敌，就会用大尾巴拍击水面，一路水遁到家门口，再不出来。它们就是乌伦古河的精灵，黑夜和水是它们的保护伞。

蒙新河狸的生态圈

河狸有个特点是可以营造小生境，河狸水坝会聚一个池塘，池塘水缓加之河狸与其伴生物种麝鼠等动物生活的排泄物会使水质有机物增加，吸引鱼群，水鸟便会随之而来，鼬科动物和小型补食者例如狐狸等也会来，一个生态圈就形成了。

适合在水里生活的身体构造

蒙新河狸喜欢游泳，并进化出了适合这种运动的身体构造，例如它们的眼睛、鼻子、耳朵都长着膜或者小盖子，能够阻止水进入；另外，它们的后爪间有蹼，蹬水效率特别高。

蒙新河狸的前爪没有蹼，便于抓握枝干。它们的一个指甲很长，是为了挠肚皮。它们昼伏夜出，每天早上回家睡觉之前都会在河岸边歇一下，把尾巴从后面甩过来后一屁股坐上去，坐稳之后，就开始揉肚子，并带着一脸悠然的表情。

蒙新河狸揉肚子的三个原因

第一，为了清除身上的寄生虫；第二，大吃特吃了一宿，揉揉肚子可以促进消化、排宿便；第三，也是最为重要的，它们有一对分泌油脂的腺体（肛腺），要把油涂满全身，这样它们才能在从水中进家的过程中（河狸巢穴入口贴近水底），少带一些水回去。

游泳的蒙新河狸　摄影／初雯雯

建筑天才

蒙新河狸会在河岸的沙土中筑巢，利用河水、河岸和隐蔽在水下的洞口，为自己建造防御的堡垒。修建大别墅，是它们躲避天敌的绝招。大别墅功能齐全，有卧室、婴儿房、厨房……对了，没厕所，因为它们内急时，只需将屁股往洞口外的河水中一塞，就解决了。

如果洪水袭来，河面水位上涨，巢穴中的水位超过甬道并向洞穴内部空间漫延，就会让蒙新河狸没办法居住。这时它们会想："不就是水吗，没什么大不了的，想想办法呗！"它们会一路向上，在自家"天花板"上打个洞，另行修筑一个阁楼——地面巢穴。入口还是之前的家门，只不过是带水的甬道长了些，一直通到天花板上。这个洪水期的阁楼，是用树枝、树叶、杂草、泥巴、石头一起修筑而成的，很结实，而且蒙新河狸每年都会进行维护，以备不时之需。

如果河水盖不住洞口，天敌就会趁机进入，那该怎么办？为了避免这种状况发生，蒙新河狸会施展出最广为人知的一个本事：修筑水坝。河狸是世界上除人类外唯一能通过改变大环境来改善自己生活小环境的动物。修筑水坝是个精细活，用较大的石块垫底，石头间的缝隙填充上泥巴和沙子，略粗的树枝起到钢筋的作用，这些"材料"组合在一起，便成为地基；主体建筑则是用口水混合沙子和泥土，再加上树枝的一层层"见缝插针"构筑而成；在收尾阶段，蒙新河狸会把顶部做得漂漂亮亮的，并覆盖上最好看的枝条。这个水坝就像一座建筑，很结实，而且超级实用，还颇具美感。

蒙新河狸的大别墅　供图／阿勒泰地区自然保护协会

河狸坝提高水位的作用非常明显，经过实地测量，河狸坝左侧和右侧的水位可相差三米，这是多么庞大的工程啊！而要建成这座保命的大坝并不容易：在修筑水坝的过程中，蒙新河狸用两个爪子的背面托起一小撮泥沙，并顶在下巴上防止泥沙掉下来，一路游着，再潜到水下，顶着水流的阻力，一点点地修筑起水坝。它们并没有人类那些功能强大的机械设备，有的只是它们的小爪子和坚持不懈的毅力，以及要保护家园的决心。

　　蒙新河狸会啃食和利用树木，并且是有条理地利用。它们每次啃倒一棵大树后，都会从大到小充分利用每一根枝干。比如，建造房子时，它们会把直径稍粗的枝干作为底座，半粗不细的树枝则用来搭着力的部分，细小的就戳在缝隙里，平时也会优先吃掉细小的枝干。它们做事非常有规划，因为它们知道，如果把这一片树林都啃完了，那么来年整个家族就没有东西吃了，会饿死的。而且，它们会将小树苗都保留下来，等着这些小树苗长成参天大树。这与家养骆驼在树林里胡啃乱吃是不一样的。

修筑水坝的蒙新河狸　摄影 / 初雯雯

河狸道

　　蒙新河狸还有自己固定的行进道路，叫作"河狸道"。它们来回上下河岸，都从固定的地方走，就算那里有枝枝权权，会将它们的毛发刷落，它们也从不轻易更改自己的路线。

河滩边的蒙新河狸　摄影／初雯雯

自制大"冰箱"

蒙新河狸生活的地方特别寒冷，会结冰，若结冰时出去觅食就会冻坏小爪子。那只能等着被饿死吗？当然不是，蒙新河狸有自己独特的食物储存方式。它们会把封冻的河水做成一个大"冰箱"，"冰箱"的底儿就在它们的巢穴洞口上方。它们从采食场先咬下树枝，用嘴拖着，一路下潜到水中的巢穴附近，并将手腕粗细的树枝一根根垂直地插在河中当作"冰箱"底儿。

底儿做好了以后，就像搭施工用的脚手架一样，它们再往其他部分插树枝，粗细交织。蒙新河狸拖着树枝在河道中来回穿行，这个过程会持续两个月左右。最后，这些树枝会形成一个长长的食物堆，就像一个大"冰箱"一样。河水有多深，食物就能堆多高；河面有多广，食物就堆得有多宽；而食物堆的长度，则取决于河狸家族有几个成员。到了冬天，虽然河流表面结冰了，但是底部的水是流动的，河狸会从家门口拽上一根树枝回去吃。随着气温回升，冰层一点点向上融化，树枝也会被河狸一层层吃掉。

蒙新河狸的"冰箱"
供图／阿勒泰地区自然保护协会

正是蒙新河狸"深挖洞，广积粮"的行为，为它们的生存提供了最有效的保障。也许，许多年后的某一天人类遇到一些无法抵抗的灾难时，在蒙新河狸看来那根本不算什么，它们有自己的生存方法。进化多年，它们已经历练出一份淡然，这也是它们没有灭绝的原因之一。

生存的考验

蒙新河狸看似强大，答得好大自然给它们出的每一份"考卷"，但其实它们也面临着很多单凭智慧解决不了的问题，也有许多无奈。因灌木柳不是经济作物，无人种植，导致蒙新河狸栖息地面积减少，食物资源不足。

除此之外，蒙新河狸需要特定的环境才能够生存，它们仅分布于乌伦古河流域，河狸保护区仅仅包括上游的一部分，很多蒙新河狸生活在保护区之外。就算没有人直接伤害它们，一些间接伤害也令人担忧。比如，冬季来临，家畜为了喝水，会去踩踏河岸，造成许多地方塌陷，也使河岸一点点向后退，而河狸需要砂土才能够筑窝，但很多河岸被踩踏得只剩下坚硬的岩石，河狸该怎么办？更有甚者，家畜就踩在河狸修筑的堤坝上喝水，一群群地来来去去，水坝慢慢就漏了，最后有可能变成大口子，再也起不到保持水位的作用，河狸又该怎么办呢？乌伦古河只有700多千米长，适合河狸养家糊口的地方也就那么多了。如果找不到合适的环境，那么每年被父母赶出家门独立的河狸宝宝就只能面临被天敌吃掉、找不到新的家园而没有吃的，或者没有遮蔽物被天敌盯上、误入其他河狸领地争斗致死这些残酷的结果。奈何乌伦古河由于植被状况不佳等，现有生态承载量很有限，目前最多只能养活190个河狸家族。

所以，河狸不仅要靠天吃饭，还要靠人活命，想要挣扎求生，不仅要靠自己的智慧，还要靠人类的仁慈。希望有更多人了解这个既呆萌、可爱、智慧，又需要保护的物种，也希望河狸能够在这片它们祖辈生存过的河流中，努力繁衍生息！

工作团队进行河狸数量的调查　供图／阿勒泰地区自然保护协会

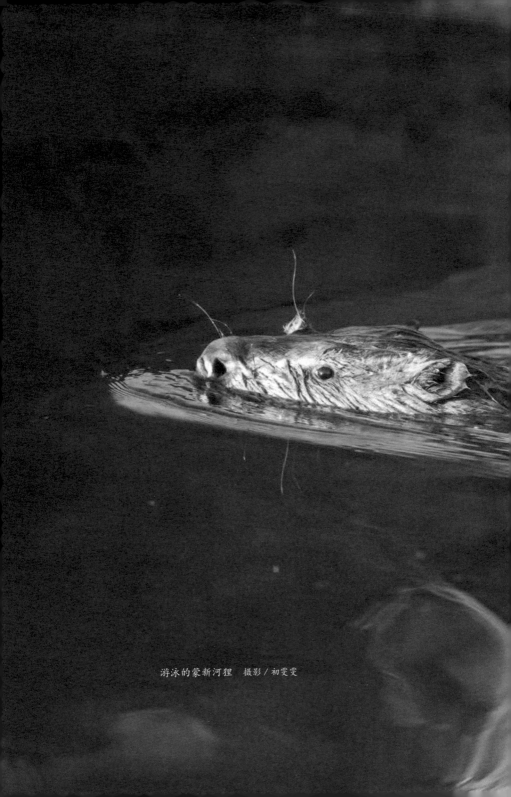

游泳的蒙新河狸　摄影 / 初雯雯

「河狸食堂」公益项目

阿勒泰地区以乌伦古湖为尾闾的乌伦古河流域，是国家一级重点保护野生动物——有着「动物界工程师」之称的蒙新河狸在我国唯一的栖息地。乌伦古河流域生长的灌木柳，是蒙新河狸生存必需的因子，不仅是它们的食物，也是它们用来搭建巢穴、修筑水坝的「建筑材料」。出于气候变化等原因，近年来乌伦古河的灌木柳出现了老龄化、覆盖率较大幅度下降的情况。环保公益组织阿勒泰地区自然保护协会团队在乌伦古河流域种下41万株灌木柳，极大改善了国家一级保护动物蒙新河狸的食物资源条件。新增的河狸窝又创造出新的生境，为更多鸟类、鱼类、兽类营造了新的栖息地。

团队考察"河狸食堂"存活率
摄影 / 初雯雯

"河狸食堂"一年生灌木柳树苗
供图 / 阿勒泰地区自然保护协会

为"河狸食堂"种树
供图 / 阿勒泰地区自然保护协会

本文原创者

初雯雯

　　"河狸公主"初雯雯，两岁起被父亲抱着去野外，7 岁时拥有了人生第一台单反相机，学生时代的每个假期都在野外度过，并时常带着相机徒步野外，记录野生动物状态。大学起，开始通过媒体宣传自然保护工作及科普野生动物监测保护知识，陆续参加过中央电视台《我是演说家》《大家》等节目。2016 年参与创办"阿勒泰地区自然保护协会"，2017 年启动"河狸食堂""河狸守护者""河狸方舟" 3 个公益项目，获百万网友关注。2021 年，在《生物多样性公约》第十五次缔约方大会作为中国青年代表发言。2022 年获中国五四青年奖章，阿勒泰地区自然保护协会河狸系列保护工作入选联合国全球 100 个经典自然保护案例。

在河道边等待河狸的初雯雯　供图／阿勒泰地区自然保护协会

潮落到潮涨的一两小时,
是北部湾一日中最美好的时光。
此时,
阳光荡漾在海面,
清凉舒爽。
橙红与豆绿色的海绵装点滩涂,
一簇簇小小沙团,
是各类沙蟹的作品。
弯曲盘桓的不规则沟壑,
是鲎爬出来的"鲎道"。
无数生物,
使北部湾,
五彩斑斓,
充满活力。

TRACES OF BEIBU GULF **09**

北部湾的痕迹

经过 11 天的跋涉，在全长超过 1800 千米的海岸线上，潮间带在朝阳、霞光与晚风中千姿百态的景色，已深深刻印在 2020 年北部湾滨海湿地科考队①每个队员的心中。

科考队员合影　摄影／王珊

北部湾一日之中最美好的时光

从潮落至潮涨，有一到两小时的时间，此时阳光荡漾在海面，清凉舒爽，队员们必须在清晨六点多钟，即天微亮时出发，才能享受到北部湾一日之中最美好的时光。

北部湾的日出　摄影／郭潇滢

①2014 年起，环保公益组织美境自然每年夏天组织志愿者开展广西北部湾滨海湿地科考行；在广西、广东、海南沿海建立了 10 个长期监测点，监测范围超过 100 平方千米；累计记录到千余只中国鲎活体和超过 390 种底栖生物。

潮间带的丰富物种

　　潮间带许多生物都有坚硬的壳或刺，在滩涂上行走，一定要穿上潜水鞋或雨鞋，以防被牡蛎、浅缝骨螺等海洋生物扎伤。同时，柔软的鞋底也可以减少对生物的伤害。

锋芒毕露的浅缝骨螺，
大家戏称其为"扎脚螺"
摄影／郭潇滢

装点滩涂的海绵 摄影／郭潇滢

　　橙红与豆绿色的海绵装点滩涂，也是其他生物的食物。无数生物为北部湾海域染上了五彩斑斓的色彩。它们，是海洋的灵与肉。

　　海滩上，常能见到一簇簇小小沙团，那是各类沙蟹的作品。它们挖沙钻洞的同时，也为沙滩注入了新鲜空气。

蟹的艺术创作 摄影／郭潇滢

弯曲盘桓的不规则沟壑，是鲎爬出来的"鲎道"。头胸甲分拨两边，尾剑从中划开。调查者们在样线上寻找、测量、记录的，正是这样的"川"字形痕迹。

鲎与"鲎道" 摄影／郭潇滢

海葵能敏锐地感知到潮水的流动。被水没过时，它会伸出柔软的触手获取食物；暴露在空气中时，就藏起触手，缩成一团小球。

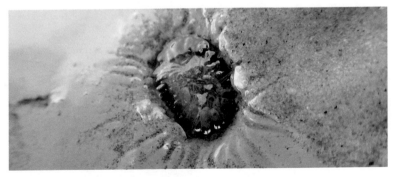

能随机应变的海葵 摄影／郭潇滢

队员们会对潮间带栖息在滩涂表面或底层，或者不能长距离游泳的底栖生物（贝、螺、蟹、沙蚕等）进行调查，以了解这一片区域的生物多样性。

底栖生物调查流程：高、中、低潮区各选好3个25厘米×25厘米的样方，向下挖掘20厘米，将泥沙中活的生物挑出来（定量用）；同时收集样线内不同种类的底栖生物（定性用）。最后将样品和照片交给专家进行数量和种类的鉴定。

沙面上的各种痕迹

阳光普照的时候，可以见到泷岩两栖螺、纵带滩栖螺等腹足纲小螺钻出沙面，在海滩爬出一连串"文字"，状如大脑波纹或者丝线缠绕，这是属于它们的秘符。《说文解字·叙》记载："黄帝之史官仓颉，见鸟兽蹄远之迹……初造书契。"生物的痕迹，或许给予了先民造字很多的灵感。

潮水将沙滩推出一条条波浪，波浪间隙的趾印会告诉路人：白鹭或鸻鹬类的鸟刚刚来过。

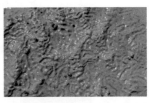

泷岩两栖螺的痕迹　摄影／郭潇滢

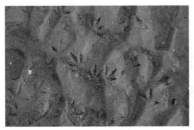

水鸟脚印　摄影／郭潇滢

渔民在挖螺　摄影／郭潇滢

北部湾是无数生物繁衍生息的家园，如何保护中国鲎及其他海洋生物，维护整片海滩的可持续发展，是摆在人们面前的重要课题。这并非一道单一学科的题目，而是生态学、社会学、经济学、人类学等体系的合集。人们一面关注这片海域生物的状态，一面和当地渔民站在一起，努力探索人与自然生存的平衡。

科考队员们清洗筛网　摄影／郭潇滢

队员们在整理数据　摄影／郭潇滢

本文原创者

郭潇滢

首都师范大学中国古代文学硕士，广西生物多样性研究和保护协会（美境自然）传播负责人，自然观察爱好者。

鳗草，
并不好吃，
也谈不上好看，
能量却超乎想象。
它是蓝色碳汇，
它是天然滤器，
它是生态屏障。
在鳗草床里，
存在一个巧妙的世界。

DANCING IN THE WAVES **10**

随波摇曳，浪花里舞蹈

海草舞者还是太极宗师

提起海草，大家都会想到《海草舞》那魔性的舞姿。那么在全世界 70 多种海草当中，海草舞模仿的是哪一种呢？看看鳗草柔长的叶片，你的心中是否有了答案？

鳗草并不好吃，也谈不上好看：没有珊瑚娇，没有红树高，但是这种海中小草的能量，超乎你的想象。

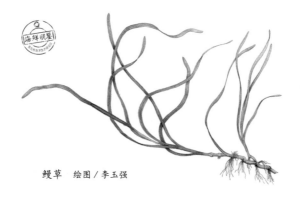

鳗草　绘图／李玉强

鳗草（英文名 Eel Grass），原名大叶藻，是一种多年生海草，属被子植物门（Liliopsidal）、单子叶植物纲（Monocotyledoneae）、沼生目（Helobiae）、鳗草科（Zosteraceae）、鳗草属（Zostera）。鳗草的学名是 *Zostera marina*，直译过来就是"海滨的绳带"。

    鳗草名字带"鳗"，但它跟鳗鱼的关系并不大（当然也有海鳗生活在鳗草丛中），主要是因为与鳗鱼形似而得名。辽宁和山东的沿海居民把鳗草叫作海带草或海韭菜，同样形象地反映了鳗草叶片狭长柔韧的特征。

    鳗草生长在潮间带直到水深 60 米以内的粉沙底质的浅海。在这里生存最大的考验来自潮汐、风暴乃至海啸的冲击。鳗草的带状叶片细长而柔韧，可以在飘摇中化解来自波浪涌流四面八方的冲击力；它们强壮的匍匐茎和发达的根系能够将自身牢牢固定于泥沙之中，纵有滔天风浪也不能撼动分毫，真可谓把《太极拳论》中"下盘沉稳如磐石，上盘轻盈如杨柳"这个要诀践行到了极致。

鳗草 摄影 / 李玉强

潮间带

潮间带是介于大潮高潮线与大潮低潮线之间的地带。根据潮汐活动的规律，潮间带又分为高潮区、中潮区、低潮区三个区。其中，高潮区位于潮间带的最上部，上界为大潮高潮线，下界是小潮高潮线，被海水淹没的时间很短，只有在大潮时才被海水淹没；中潮区占潮间带的大部分，上界为小潮高潮线，下界是小潮低潮线，是典型的潮间带地区；低潮区上界为小潮低潮线，下界是大潮低潮线，大部分时间浸在水里，只有在大潮落潮的短时间内露出水面。这三个潮区环境特殊，变化很大，为海洋生物提供了丰富多样的生境。

潮间带　摄影 / 刘乐彬

与它们陆生的草类远亲一样，鳗草也凭借花、果实和种子这套完整的生殖体系进行有性生殖。它们在海水中开花、结实，然后任由细小的种子们随波逐流、拓土开疆。一旦有幸运的种子在适宜的环境萌发，这株鳗草就可以启动无性生殖模式，依靠粗壮且储存着丰富养分的横走茎步步为营、稳扎稳打。凭借这两种相辅相成的繁衍技能，再加上对水体盐度变化有比较大的耐受力（5‰ ~ 42‰），鳗草成功占领了东亚、欧洲、北美、北非的浅海乃至河口水域，成为北半球分布最广泛、生物量最大的海草之一。

鳗草　摄影／李玉强

　　影响鳗草征服世界的主要限制因子是温度。鳗草最适宜生长的海水温度为14℃～18℃。因此在我国，鳗草主要生存在渤海到黄海北部，历史分布区包括辽宁的大连、兴城和绥中，河北的北戴河，山东的烟台、威海、青岛等沿海水域。

　　在山东威海，曾经广布海滨的鳗草也催生了一种民俗建筑——海草房。秋季，鳗草的老熟叶片开始大量脱落，被潮水推到岸边。海边的居民们将鳗草叶收集起来，晾干后用来搭建房顶，有极佳的保温和防雨功效，形成一道独特的渔家风景。

海草房　摄影／江东旭

海中的大命，也是蓝色碳汇、天然滤器、生态屏障

由大面积连片分布的鳗草形成像海中草原一样的栖息地就叫作鳗草床（Eelgrass bed）。小说《狼图腾》中写道：在蒙古草原，草是大命，其他都是小命。在我们的黄渤海区乃至整个北温带近海生态系统中，鳗草床就是最大的大命，因为它发挥着诸多不可替代的生态功能。

鳗草床通过植物强大的光合作用吸存二氧化碳，释放氧气，减缓气候变化。有研究显示，每平方千米鳗草床每年可固碳 165 吨以上，存储的有机碳量高达 8.3 万吨，为同面积森林的 2 倍以上，是极其重要的天然碳汇。

鳗草床能够大量吸收过量的营养盐，加速水中颗粒的沉积，改善海水的透明度，还能够有效抑制有害浮游藻类暴发造成的赤潮，因此在净化和调控近海水质方面的作用强大到几乎"没有朋友"。鳗草床还能够显著弱化风暴潮、海啸等自然灾害的破坏力，保护沿海地区人民的生命财产安全。

鳗草床里的奇妙世界

鳗草床中的海蛞蝓　摄影／李玉强　　　鳗草床中的玄妙微鳍乌贼　摄影／李玉强

　　鳗草床是数百种海洋无脊椎动物、鱼类和鸟类的栖息地、繁育场和觅食区，对养护渔业资源和维持生物多样性起到关键作用。有调查显示，鳗草床的生物量为200~700克／米²，生产率为1000~2000克／米²。丛生的鳗草叶片让数百种海洋动物，包括海马、章鱼、乌贼、虾、蟹、螺、蛤等得到庇佑。有些鱼类（如鲱鱼）把鳗草床作为产房和幼儿园。在我们熟悉的海洋生物中，仿刺参会把鳗草床作为终生居所，还把腐败的鳗草叶片作为美餐。鳗草的嫩芽还是在黄渤海域越冬的大天鹅们的主粮。

鳗草床中的麦秆虫　摄影／李玉强

延伸阅读 EXTENDED READING

赤潮

赤潮，科学界也称其为「有害藻华」（Harmful Algal Blooms-HABs），是指海洋微藻、原生动物或细菌在一些特定环境条件下暴发性繁殖或者高度聚集而导致的一种有害的海洋生态现象。由城市工业、生活废水、农业化肥的使用以及海水养殖活动产生的污水所造成的海水富营养化是引发赤潮的主要原因，而海水温度或盐度的变化也同样可能导致赤潮。

一个好汉三个帮

鳗草床的主角是鳗草，但它更是一个生命共同体。在鳗草床对海洋生态环境健康和我们人类福祉做出诸多重大贡献的背后，是鳗草丛中诸多附生和共生小弟们的默默付出。

鳗草表面附生藻类的初级生产力相当强大。有研究表明，我国荣成桑沟湾鳗草床的附生藻类在春季时以褐藻类为主的生物量可以达到 70 克 / 米 ^{2}，它们也是蓝色碳汇的重要来源。

鳗草床中还生存着许多滤食性和腐屑食性动物，包括附着在叶片上的水螅、苔藓虫和海鞘，还有在泥沙中生活的双壳贝类、多毛类、棘皮类。它们可以分解鳗草床中的有机碎屑，降低水体中营养盐的浓度，抑制浮游藻类暴发，保证海水的透明度，这些都有利于鳗草的生长。

　　鳗草床泥沙底质中的有机物质会经年累月地不断积累，这个过程会导致鳗草根茎周围形成厌氧环境，其中的有害氮和硫化物浓度不断升高，会逐渐削弱鳗草的生长代谢活力，甚至导致鳗草中毒身亡。这种时候，一些与鳗草互利共生的微生物和双壳贝类就会挺身而出。它们可以依靠鳗草输送的氧气与养分，吸收利用对鳗草有毒害作用的氮和硫化物，或者把它们转化为无害形式，让鳗草床这条大命可以生生不息。

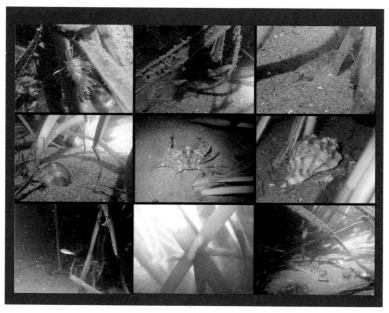

鳗草床中丰富的生物　摄影／李玉强

大命也有不够硬的时候

鳗草这个生存繁衍高手，也有对栖息环境相当挑剔的一面。水体悬浮颗粒增加、水质过度富营养化、水温升高等情况对鳗草而言就是致命的威胁。因此，通过监测鳗草生长情况和利用生物标记技术检测鳗草体内养分或酶含量等方法，就能评估鳗草床生态系统和其相邻生态系统的健康程度。坚强的鳗草还可以成为生态环境专家们衡量海岸和近海区域生境健康情况的敏感"金丝雀"。

可惜的是，在更多人认识到鳗草的生态价值之前，它们已陷入资源衰退的困境——直接原因是多种不负责任的人类活动。在我国，耙螺、吸蛤、围网、拖网和刺网等海洋捕捞方式对鳗草床极具破坏性，可谓所过之处，寸草不生；大规模沿岸和近海养殖、工农业和生活污水超标排放等造成海水透明度下降、海水富营养化，浮游生物和附生藻类过量繁殖，抑制了鳗草生存必需的光合作用；各类大小围海填海工程更是直接侵占了很多鳗草的生境，让鳗草无处安身。

虽然人工增殖可以在一定程度上拯救陷入困境的鳗草，但是保护鳗草还是要对人类活动（包括养殖、破坏性挖捕方式、围填海和水体污染）加以控制，因为这才是造成其衰退的根本原因。具体来说，一些在近海养殖的经济动植物，如大型藻类和鱼虾蟹贝等，会

如何拯救陷入困境的鳗草

鳗草可以通过种子有性生殖和横走茎无性生殖，因此我们可以借助播种法和移植法这两种人工增殖的方式修复鳗草床。播种法需要首先采集鳗草繁殖枝，然后将它们置于人工环境暂养，在种子脱落后筛分并将其保存在低温高盐的空气条件下，最后通过人工播撒和人工埋种两种方式播种。近年来诞生出一种既有趣又能提高效率、降低成本的蛤蜊播种技术，通过糯米将种子粘到蛤蜊壳上，然后将蛤蜊投放到修复海区，依靠蛤蜊将种子带入底质。虽然播种法对鳗草原生生境破坏较小，但由于存在种子收集难、成苗率低等问题，目前最常见的修复方法还是移植法——将别处的鳗草以草皮、草块或根状茎为单位移植到需要修复的位置。然而，与播种法相比，移植法的成本更高，对鳗草原生环境的破坏也较大。

遮蔽鳗草生长所需的光源，并直接占用鳗草生存空间；在鳗草床分布的区域进行破坏性的滩涂作业，如挖沙虫或者贝类，同样会直接威胁到鳗草的生存和周边区域生物多样性；一些对海滩的开发以及人工围填造陆活动，大大压缩了鳗草床可生长的范围；由于鳗草床对水质的变化十分敏感，陆源污染和海上建设工程，都会不同程度地影响近海水质，进而影响到鳗草床的生存。

如今，社会各界越来越关注生物多样性的衰退，面对鳗草的生存困境，一些科研机构和公益组织也已初步展开了对鳗草床的修复与保护工作。作为一个典型的"基于自然的解决方案"，修复鳗草床将推动我国通过对这一殊为珍贵的海洋生态系统的保护，使鳗草床继续成为抚育渔业资源的摇篮和抗击生物多样性丧失的一道绿色屏障，同时作为重要的"蓝色碳汇"应对现今气候变化带来的严峻挑战。

生态恢复，道阻且长

种一棵树最好的时间是 10 年前，其次是现在。这句话对鳗草也适用。研究表明，鳗草在播种 12 年后形成的人工

鳗草床   供图／青岛市海洋生态研究会

海草床，其固碳速率可达到与自然鳗草床相当的水平。如今，不少研究人员正在研究探索鳗草的高效增殖方法。

因为鳗草同时具备无性生殖和有性生殖的能力，因此它的增殖方式也分为两大类：有性繁殖的种子播种法和无性繁殖的植株移植法。这两种方法各有缺陷，种子播种法的主要问题有种子收集率低、储存技术待改进，播种后的成活率低、保护技术不足等情况；植株移植法则相对成本高、劳动强度大，易对原草场造成破坏。如此看来，对于鳗草床生态恢复的研究仍任重道远。

好消息是，经过一些学者的潜心研究，我国鳗草增殖技术已经实现了可喜的突破，如中国海洋大学张沛东团队建立了低成本、高效的鳗草种子播种技术，相比国际同类技术，种子留存率提高了 13 倍，萌发率提高了 2 倍，并在荣成湾、莱州湾等海草床恢复工程实践中实现了推广应用，对我国鳗草床生态恢复工作具有重要意义。

绝望中的希望

2014 年以前的数据令人心痛：中国沿海的鳗草床总分布面积已经不足 4 平方千米，在部分主要分布区，鳗草床面积仅为历史水平的 1/10。

2015 年底传来了一个令人振奋的消息：中国水产科学院黄海水产研究所的刘慧等专家在距离首都北京仅 150 千米的河北省唐山市所辖的渤海湾区发现了大面积鳗草床，面积约为 10 平方千米。2019 年 9 月，自然资源部专家团队通过更加全面的调查发现，渤海湾鳗草床的实际面积达到近 50 平方千米，大概有 7000 个标准足球场那么大，这是中国海域现存面积最大的海草床。

这个重大发现让我们看到了保育中国鳗草床，恢复渤海、黄海域勃勃生机的全新机会。为了我们的后代能够继续欣赏鳗草的曼妙舞姿，以及栖息于鳗草床中的各种大小生命，海研会希望与大家一道呵护这片无比珍贵的海中绿洲，为保护海洋生物多样性以及生态系统的健康和完整这一美好愿景共同努力！

海研会在开展海草床项目
供图 / 青岛市海洋生态研究会

参考文献

[1] 刘慧，黄小平，王元磊，等．渤海曹妃甸新发现的海草床及其生态特征 [J]．生态学杂志，2016, 35(7): 1677-1683.

[2] 黄小平，江志坚．海草床食物链有机碳传递过程的研究进展 [J]．地球科学进展，2019, 34(5): 480-487.

[3] 张雪梅，张秀梅，张沛东，等．固氮微生物对鳗草植株生长及其根际土壤酶活性的影响 [J]．中国海洋大学学报（自然科学版），2019, 49(4): 22-32.

[4] 黄小平，江志坚，张景平，等．全球海草的中文命名 [J]．海洋学报，2018, 40(4): 127-133.

[5] 刘松林，江志坚，吴云超，等．海草床沉积物储碳机制及其对富营养化的响应 [J]．科学通报，2017, 62(Z2): 3309-3320.

[6] 于培．鳗草对沉积物微生物群落的影响及其氮代谢的初步研究 [D]．济南：山东大学，2017.

[7] 郑凤英，邱广龙，范航清，等．中国海草的多样性、分布及保护 [J]．生物多样性，2013, 21(5): 517-526.

[8] 郭美玉，李文涛，杨晓龙，等．鳗草在荣成天鹅湖不同生境中生长的适应性 [J]．应用生态学报，2017, 28(5): 1498-1506.

[9] 王锁民，崔彦农，刘金祥，等．海草及海草场生态系统研究进展 [J]．草业学报，2016, 25(11): 149-159.

[10] 黄小平，江志坚，范航清，等．中国海草的"藻"名更改 [J]．海洋与湖沼，2016, 47(1): 290-294.

[11] 刘燕山．大叶藻四种播种增殖技术的效果评估与适宜性分析 [D]．青岛：中国海洋大学，2015.

[12] 潘金华．大叶藻（Zostera marina L.）场修复技术与应用研究 [D]．青岛：中国海洋大学．

[13] 刘松林，江志坚，吴云超，等．海草床育幼功能及其机理 [J]．生态学

报, 2015, 35 (24) : 7931-7940.

[14] 邱广龙, 林幸助, 李宗善, 等. 海草生态系统的固碳机理及贡献 [J].
应用生态学报, 2014, 25 (6) : 1825-1832.

[15] 聂猛. 山东半岛典型海域大叶藻 (*Zostera marina*) 草场藻类群落结构
的初步研究 [D]. 青岛: 中国海洋大学, 2014.

[16] 郑凤英, 韩晓弟, 张伟, 等. 大叶藻形态及生长发育特征 [J]. 海洋
科学, 2013, 37 (10) : 39-46.

[17] 唐望. 桑沟湾大叶藻生理生态学及草场恢复研究 [D]. 上海: 华东理
工大学, 2013.

[18] 高亚平, 方建光, 唐望, 等. 桑沟湾大叶藻海草床生态系统碳汇扩增
力的估算 [J]. 渔业科学进展, 2013, 34 (1) : 17-21.

[19] 刘炳舰, 周毅, 刘旭佳, 等. 桑沟湾楮岛近岸海域大叶藻生态学特征
的基础研究 [J]. 海洋科学, 2013, 37 (1) : 42-48.

[20] 韩厚伟, 江鑫, 潘金华, 等. 海草种子特性与海草床修复 [J]. 植物
生态学报, 2012, 36 (8) : 909-917.

[21] 凌娟, 董俊德, 张燕英, 等. 海草床生态系统固氮微生物研究现状与
展望 [J]. 生物学杂志, 2012, 29 (3) : 62-65.

[22] 江鑫, 潘金华, 韩厚伟, 等. 底质与水深对大叶藻和丛生大叶藻分布
的影响 [J]. 大连海洋大学学报, 2012, 27 (2) : 101-104.

[23] 王亚民, 郭冬青. 我国海草场保护与恢复对策建议 [J]. 中国水
产, 2010 (10) : 24-25.

[24] 李森, 范航清, 邱广龙, 等. 海草床恢复研究进展 [J]. 生态学
报, 2010, 30 (9) : 2443-2453.

[25] 许战洲, 罗勇, 朱艾嘉, 等. 海草床生态系统的退化及其恢复 [J].
生态学杂志, 2009, 28 (12) : 2613-2618.

[26] 张景平，黄小平. 海草与其附生藻类之间的相互作用 [J]. 生态学杂志，2008(10)：1785-1790.

[27] 许战洲，黄良民，黄小平，等. 海草生物量和初级生产力研究进展 [J]. 生态学报，2007(6)：2594-2602.

[28] 苏纪兰. 中国的赤潮研究 [J]. 中国科学院院刊，2001(5)：339-342.

[29] 徐宁，段舜山，李爱芬，等. 沿岸海域富营养化与赤潮发生的关系 [J]. 生态学报，2005(7)：1782-1787.

本文原创者

青岛市海洋生态研究会

    青岛市海洋生态研究会（简称海研会）成立于 2017 年 10 月，是一家专注于中国海洋生物多样性保护和渔业可持续发展的公益社会团体。海研会通过科学研究、科普教育、人才培养、国际交流等方式，为全国渔业可持续发展、海洋生态系统的健康完整，以及可持续水产品消费做出持续贡献。多年来，海研会深度执行多个渔业和水产养殖业生产资源环境表现评估和可持续改进项目，以及保护滨海与海洋生态系统和濒危海洋物种的项目。其中，在 2020 年，海研会渤海湾鳗草床保护推动和渔业社区共管探索项目正式启动，推动渤海湾鳗草床早日受到法律正式保护的同时，探索渔民社区参与鳗草床保护的可能途径，为实现广大渔民生计与关键海洋栖息地的长期和谐共存积累宝贵经验。项目的最终成果形成报告，与自然资源部相关专家分享，并通过院士级专家提交给相关管理决策部门，为其制定相关保护策略提供了一系列基于科学事实的决策参考。